SCHOOL OF FINANCE
理财学院

家庭理财
一本通

朱菲菲／编著

U0222757

中国铁道出版社有限公司
CHINA RAILWAY PUBLISHING HOUSE CO., LTD.

内 容 简 介

本书采用理论知识、实际案例和具体操作步骤相结合的方式，对家庭理财涉及的理财产品、理财过程和理财技巧等进行了详细的讲解。

全书共 10 章，主要内容有家庭理财的准备工作、储蓄、银行卡、网络理财、房产投资、保险、黄金投资、遗产理财、债券、股票和收益等理财工具的使用。从概念到实战操作步骤的讲解，全方位地介绍了家庭理财的各种产品、购买流程、盈利技巧和风险防范等内容。

本书内容充实且实用性强，讲解科学，理论与实践相结合，可以帮助读者全面认识家庭理财。因此，本书特别适合让家庭财富保值增值的人，同时也适合在家中又想为丈夫减轻经济负担的家庭主妇们。另外，本书还适合想要尝试新颖的理财方式，并为自己的生活提供保障的老年人学习参考。

图书在版编目（CIP）数据

家庭理财一本通 / 朱菲菲编著 . —北京：
中国铁道出版社，2017. 10（2022. 1 重印）
（理财学院）
ISBN 978-7-113-23138-5

Ⅰ . ①家… Ⅱ . ①朱… Ⅲ . ①家庭管理-财务
管理-基本知识 Ⅳ . ①TS976. 15

中国版本图书馆 CIP 数据核字（2017）第 113551 号

书　　名：理财学院：家庭理财一本通
作　　者：朱菲菲

责任编辑：张亚慧　　编辑部电话：（010）51873035　　邮箱：lampard@vip. 163. com
封面设计：MXX DESIGN STUDIO
责任印制：赵星辰

出版发行：中国铁道出版社有限公司（100054，北京市西城区右安门西街 8 号）
印　　刷：佳兴达印刷（天津）有限公司
版　　次：2017 年 10 月第 1 版　　2022 年 1 月第 2 次印刷
开　　本：700 mm×1 000 mm　1/16　印张：16.25　字数：232 千
书　　号：ISBN 978-7-113-23138-5
定　　价：45. 00 元

前 言

随人们理财意识的提高，人们开始进行多种多样的理财投资，家庭也不例外。而且一个家庭的经济负担通常要比单个人的经济负担重，家庭中的劳动力要承担家庭中所有成员的消费和开支，因此理财需求更强。

一部分家庭没有主动的理财意识，总是抱着手中的钱过一天算一天，钱不够用了就省着点花，钱够用时就大把大把地消费。这样的生活，家庭成员在生活中没法占据支配收入的主导地位，很可能导致家庭生活不规律。所以，进行家庭理财很有必要。

还有一部分家庭虽然有强烈的家庭理财意识，但是又不清楚该从何处入手，同时也会对一些理财产品有所怀疑，觉得像网络理财这样的方式不安全。因此，他们就需要一些讲解方式通俗易懂，且可操作性强的理财手册来帮助自己进行家庭理财。

本书正是迎合上述的市场环境和家庭理财需求而编著的实用性较强的理财书，包括了各种专门针对家庭的理财产品、理财方法和理财风险规避等内容，并且还结合了不同类型的家庭给出合适的理财建议。

本书包括 10 章内容，具体章节的内容如下。

◎ 第一部分：第 1 章

本部分内容主要介绍了进行家庭理财之前的准备工作，包括家庭理财可以入手的方向，如存钱、借钱、省钱和投资等，还讲解了家庭理财会涉及的常用账号的开通、注册流程和方法，以及日常生活中会用到的理财表格的制作过程。

◎ 第二部分：第 2~7 章

本部分内容主要讲解了家庭理财过程中常见的理财工具，如银行储蓄、信用卡的使用、各种网络理财、生活中的理财经、房产投资和保险理财，让家庭理财不再遥不可及。

◎ 第三部分：第 8~10 章

这一部分主要讲解家庭理财过程中可能会遇到的较为专业的理财工具，如股票、基金、债券、黄金以及遗产理财等。其中，遗产理财是一种全新的理财方式，供投资者参考。

本书语言通俗易懂，采用理论知识、实际案例和具体操作步骤相结合的讲解方式，帮助读者更好地将理论知识运用到实际理财活动中。正文中使用了"注意提示"等小栏目，不仅丰富了理财方面的知识，而且还能避免读者在阅读时产生枯燥的情绪，让本书同时具备了完整性和趣味性。

根据涉及的内容，本书的读者群定位在想让家庭财富保值增值的家庭，同时也适合在家中又想为丈夫减轻经济负担的家庭主妇们。另外，本书还适合想要尝试新颖的理财方式，并为自己的生活提供保障的老年人学习参考。

最后，希望所有读者都能从本书中获益，在实际的理财过程中获得理想收益。由于编者能力有限，本书内容肯定有许多不完善的地方，希望读者给予指正。

编 者

2017 年 7 月

目 录

C O N T E N T S

---

01 .PART. 谁与家庭理财有关系

随着物价的居高不下，越来越多的人开始筹划理财。对于一个家庭来说，开销支出大，理财的必要性更加明显。那么在家庭理财的过程中，各家庭成员的责任是怎样的呢?

02 .PART. 储蓄不只是简单地存钱

储蓄也是有一定技巧的，掌握好这些技巧，利用好这些方法，就可以将储蓄的利润最大化。

03
.PART.

玩转银行卡

现在人手都有一张或多张银行卡，其中包括借记卡和信用卡。但是能将银行卡与省钱结合在一起的人却并不多，本章就一起来看看怎样"玩转"银行卡为家庭节省开支。

04 .PART.

网络理财与生活

互联网已成为老百姓消费、娱乐的重要平台，理财也同样在网络上蓬勃发展起来。网络理财既方便又快捷，对于家庭来说，网络理财是一种省钱和投资的有效手段。

05
.PART.

家庭理财多姿多彩

家庭理财除了在理财工具上有讲究外，不同的家庭成员在理财时也有一定的讲究。不仅如此，不同格局或不同性质的家庭，其理财的思路和偏好也大不相同。

06
.PART.

买房投资，为财富建个避风港

有经济实力的家庭，除了可以利用前面提到的一些常见的、易于操作的理财方式外，还可以进行房产投资理财。房产投资的回报期虽然较长，但其回报收益也相应较高。

07
.PART.

保险为理财筑起屏障

现在针对家庭的保险品种一般都是保障型的，部分保险产品可使购买保险的人在受保期限过后还能收回之前投入的保费。这样不仅给投保人在受保期间提供了保障，还能在受保期过后拿回本金，对投保人来说真正为家庭理财筑起了坚固的屏障。

08 .PART. 财富时代的炼金术

2014年"中国大妈"与黄金的故事人尽皆知，那一次金价的波动让很多黄金投资者损失惨重，同时也吸引了更多的投资者关注黄金这一投资理财工具。

09
.PART.

遗产与继承，提前为子女规划

俗话说，生老病死乃命中注定。生命的尽头都将是死亡，财物也没法带走。怎样才能将拥有的财富留给需要的人是将死之人要考虑的问题，因此，"遗产"和"继承"等概念应运而生。

10
.PART.

债券、股票与基金，拓宽收益渠道

在普通老百姓家庭，债券、股票和基金并不是最首要的理财工具，但是它们却可以帮助家庭拓宽收益渠道，对于有一定风险承受能力的家庭也是可以尝试的。

.PART.

理财人
——家庭

准备
理财工具

家庭理财
理什么

确认收入
情况

谁与家庭理财有关系

随着物价的居高不下，越来越多的人开始筹划理财。对于一个家庭来说，开销支出大，理财的必要性更加明显。那么在家庭理财的过程中，各家庭成员的责任是怎样的呢？

1.1 理财人——家庭

> 从名称上解读"家庭理财"，可以看出理财与家庭各成员都有关系。理财过程需要每一个成员的参与，同时每一个成员都会享受到理财带来的好处。

1．家庭伙伴的责任

家庭理财的前提是有"财"可理，所以家庭成员中的劳动者首先要学会挣钱，然后才能理财。

■ 夫妻的责任

在家庭形成期，家庭成员只有夫妻双方时，两人要先学会挣钱养家，有了闲钱才有理财的可能。因为大多数家庭的挣钱重任都交给了丈夫，所以家庭理财的重任一般都落在了妻子的身上。

在制订理财计划时，夫妻双方都要发表自己的意见，目的就是为了把理财计划做得更好更完善。在具体实施过程中，丈夫一般只需要了解基本情况和理财结果即可，妻子则要根据计划实施具体理财方案。

需要注意的是，在家庭形成期，夫妻双方的理财计划受到一个重要因素的影响，那就是是否准备生第一个孩子。如果正准备生第一个孩子，那么家庭理财计划可能需要做很大的调整，因为孩子的抚养会花费很大一笔资金，想要理财，除非是有很厚的家底；如果夫妻双方想要先拼事业，等家庭经济稳定后再生孩子，那么在家庭形成期就要准备好家庭准备金和未来孩子的抚养费等资产。

家庭扩展期是指抚养孩子的时期，这一时期中家庭开支比较多。为了给家庭理财注入新鲜活力，夫妻双方自己在理财的同时，还要为孩子灌输理财思想，从小培养孩子的理财观念和意识。

■ 孩子的责任

作为一个家庭成员，孩子也有责任与父母一起理财。从小养成节俭的好习惯，但需要注意，节俭不等于吝啬。孩子在成长过程中要协助父母做好家庭理财工作，受益的是家庭成员的每一个人。

在协助父母进行理财的过程中，孩子也要学会一些理财思维和理财方法，为将来有一天离开父母组建新的家庭做好理财的准备工作。而孩子在这一过程中可能没有父母的自觉性强，这就需要父母的监督和管理，帮助孩子养成理财的好习惯。

2. 形成期有"挣"有"存"

家庭形成期一般指夫妻双方，一般在这一阶段，事业处于高速成长期，收入也会慢慢提高。另外，家庭的抗风险能力也较强，即收入如果下降了还可以重新找一份工作。但是在这一时期，家庭的另一项重要任务就是抚养出生的孩子。因此，虽然根据风险承受能力来看，似乎可以进行激进的理财，但为了更好地抚养孩子，建议家庭还是采用以储蓄为主的理财方式为好。

形成期用钱的地方很多，那么家庭可以把哪部分的钱用来储蓄？哪部分的钱用来花费呢？

◆ 形成期基本的生活开支不能存，比如日常生活用品的花费。

◆ 为家庭存一笔应急备用金，应对家庭开支中的突发状况。

◆ 在孩子出生以后，夫妻双方可以开始着手教育储蓄的理财计划，为孩子以后的学费做准备。

◆ 如果家庭资产中有很大一笔资金进行了储蓄，那么可以将这笔储蓄存为"整存零取"的方式，存期可视情况而定，而支取期可以设置为一个月，这样可以每月从存款中划出固定的资金用于还房贷、车贷或者信用卡等。

◆ 如果家庭资产中没有很大一笔资金用于储蓄，那么夫妻双方最好还是将每月要还贷的金额总数扣除，然后采用"零存整取"的方式进行储蓄。这样能避免出现逾期还款带来的经济损失。若是资产小也进行"整存零取"，那么其收益不乐观的同时，也显得很麻烦。

◆ 在确定某一部分的钱长期不会使用的情况下，夫妻双方可以将这一部分钱存为一定时长的定期存款，让财富稳定增值。

3. 扩展期稳健投资

家庭扩展期，家庭成员的主要任务就是抚养孩子，供孩子上学。这一时期，家庭收入会随着夫妻双方的工龄有明显的增长趋势，而孩子的教育花费则比较稳定。再加上这一时期，家庭的风险承受能力逐渐下降，所以此时夫妻双方可以事先将用于日常开支和教育储蓄的总资金排除开，剩下的资金进行比较稳健的投资，比如债券、稳健型基金以及保险等。

因为这一时期消费的力度变大，仅依靠储蓄的收益已经不能支撑家庭的各项开销，此时需要进行收益较高而风险相对较小的稳健投资，这样既获得收益，也能避免高风险给家庭经济带来重创的窘境。如表 1-1 所示是部分稳健型债券和基金产品。

表 1-1　部分稳健型债券、股票和基金理财产品

理财产品	简单介绍
国债	国债的信用等级高、安全性好。2016 年首期国债开售时，3 年期年利率为 4%，而 5 年期年利率则达到了 4.42%
货币基金	聚集社会闲散资金，由基金管理人运作，基金托管人保管资金，是一种开放式基金，专门投向风险小的货币市场工具，区别于其他类型的开放式基金，具有高安全性、高流动性、稳定收益性和"准储蓄"的特征。如余额宝、掌柜钱包、中银活期宝和民生现金宝等
信托	是一种理财方式，也是特殊的财产管理制度和法律行为，同时又是一种金融制度。信托与银行、保险和证券一起构成了现代金融体系，一般涉及 3 个方面当事人，即投入信用的委托人，受信于人的受托人以及受益人，其产品有金钱信托、有价证券信托、不动产信托、动产信托及金钱债权信托等
股票型基金	也称股票基金，是指投资于股票市场的基金。股票型基金又分为优先股基金和普通股基金，虽然其风险比股票低，但还是比货币基金和债券基金的风险高。如大成基金等

4. 成熟期冒冒风险

家庭成熟期一般是在夫妻双方年龄 45 岁以后，这一时期的家庭将迎来孩子学业的结束。此时孩子能够进入社会工作，靠自己的能力挣钱养活自己，而父母的养育重担也随之放下。此时父母在家庭中可以进行一些比较激进的投资，如股票、黄金以及一些网络理财产品的投资。

激进投资的特征是收益高、风险高，因为这一时期家庭中不再承担孩子的教育资金风险，所以对资金的使用会更加自由。另一方面，为了给家庭带来尽可能大的收益，所以可选择一些投资收益高的理财产品。最常见的就是黄金、基金以及股票。另外，这一时期很多家庭的夫妻也会考虑买房投资。

其中，黄金理财产品又分为实物黄金和纸黄金等，实物黄金又有金条、

金币和金饰品之分。如图 1-1 所示。

图 1-1　金条（左）、金币（中）和金饰品（右）

纸黄金是一种个人凭证式黄金，投资者按银行报价在账面上买卖"虚拟"黄金，个人通过把握国际金价走势，低吸高抛，赚取黄金价格的波动差价。投资者的买卖交易记录只在个人预先开立的"黄金存折账户"上体现，不发生实金提取和交割。

5.收缩期保本安心

收缩期一般指夫妻双方年龄在 55 岁以上的家庭，此时有了孙子或孙女（或外孙、外孙女）。夫妻双方不再去上班挣钱，此时生活的开支大部分都来源于年轻时候的资本积累，算得上是只有支出没有收入。所以这一阶段的家庭，其风险承受能力较低，夫妻双方为了给自己的老年生活多一点保障，通常在理财时都会偏向于保守型。

收缩期的理财保本心理会促使家庭理财回归到银行储蓄或者基金和债券等保本型理财产品上。

如果不用为儿女的家庭"愁"钱的话，此时的夫妻还可以对股票和基金等高收益高风险的产品试试手，投资不用太大，抱着投资试水，顺便赚点小钱的心理，享受生活的同时获取额外的收益。收缩期的保本策略与扩展期的稳健投资有什么区别呢？具体表现如图 1-2 所示。

1	收缩期的保本策略是以保本思想为主，高收益投资为辅，对高收益的投资比例可根据家庭成员的喜好做适当调整；而扩展期的稳健投资则相对较硬性化，因为该时期有孩子的抚养问题，一旦投资失败，对家庭影响较大。
2	收缩期的理财收益可大可小，一般只是追求有收益即可；而扩展期家庭对收益的需求更大，家庭中很多支出需要依靠理财收益来支撑，所以追求的是低风险高收益。
3	收缩期的保本实际上是对老年人心理的一种安慰，因为老年人承受失败打击的心理不够强；而扩展期的稳健收益是实实在在物质收益的稳定，年轻人承受打击的心理强大，但现实家庭状况却不允许承受这样的打击。

图 1-2　收缩期的保本策略与扩展期的稳健投资的区别

1.2 准备理财工具

　　理财工具是一个比较笼统的概念，既可以指理财过程中会用到的实实在在的工具，也可以指具体的理财产品，比如储蓄、股票、债券或基金等。这一节我们将来了解理财过程要用到的工具或账号。

1. 学会制作财务表格

　　在 Microsoft Office 办公软件套装中，有一款名叫 Microsoft Excel 的组件，它是一种电子数据表程序，主要进行数字和预算运算。Excel 内置了多种函数，可以对大量数据进行分类、排序甚至绘制图表等。下面以在 Excel 2016 中制作财务表格为例，看看具体的步骤。

Step01　在使用 Excel 制作财务表格之前，用户首先要下载 Microsoft Office 软件，并完成安装。启动 Excel 2016，在 Backstage 视图中寻找"月度家庭预算"表，若没有，则在"搜索联机模板"文本框中输入"月度家庭预算"，在搜索结果中选择"月度家庭预算"表选项。

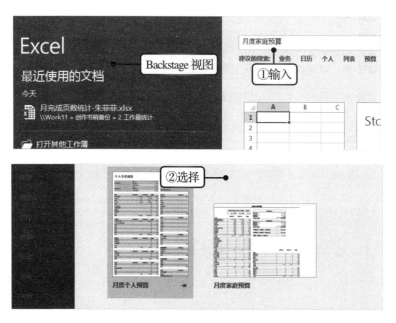

Step02 在打开的窗格中可查看到表格样式，单击"创建"按钮。

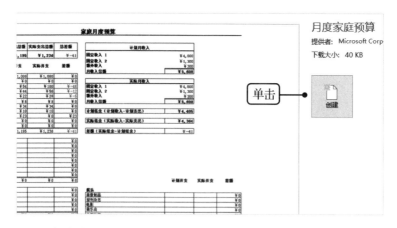

Step03 此时系统将开始下载"月度家庭预算"表模板，下载完成后即可看见工作簿中新建了一张带有数据的"月度家庭预算"表，且在 Backstage 视图中保存了该模板，而用户可以根据家庭收支情况对新建的表格进行修改。

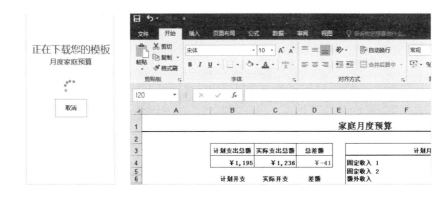

2. 银行卡开通网银

银行卡开通网银的目的是方便银行卡在网上进行金钱交易，也为家庭日后理财计划的实施做好准备。比较直接简单的方法就是去银行柜台开通网银，用户持银行卡和身份证到开卡银行当地网点签约开通网银即可，一般在开通网银时会同步开通网上支付功能。如果用户的银行卡还有理财功能，可签约开通网上理财功能。

为了帮助用户节省去银行开通网银的排队时间，下面以开通工商银行网上银行为例，了解一下如何在网上自行开通网银。

Step01 进入工商银行的官网首页（http://www.icbc.com.cn/icbc/），在页面左侧"用户登录"栏里找到"个人网上银行"选项卡，单击其下方的"注册"超链接，进入个人网上银行的注册页面。

Step02 填写姓名、证件号码、手机号码以及验证码，然后单击"下一步"按钮。

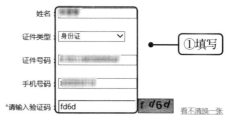

Step03 在打开的页面中仔细阅读协议，然后单击"接受此协议"按钮。

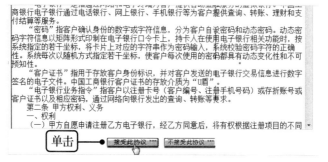

Step04 在打开的页面中输入账户密码、身份证号码、网上银行登录密码及验证码等信息，然后单击"提交"按钮，最后确认银行卡卡号无误后单击"确定"按钮，完成网银的注册开通。

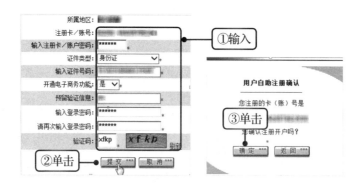

由于用户在使用网银时要通过 U 盾或者电子口令卡完成交易，很多人觉得这种方法很麻烦，所以越来越多的人选择使用支付宝这样的第三方支付平台完成金钱交易。

3. 添加银行卡到支付宝

用户有淘宝账号就会有对应的一个支付宝账号，如果没有支付宝账号，也可以在支付宝的登录页面进行支付宝账号的注册。将银行卡添加到支付宝的操作很简单，需要注意的是，为了银行卡的资金和支付宝账号的安全，在添加了银行卡后，最好能够进行实名认证的操作。

■ 添加银行卡，默认开通快捷支付

用过支付宝支付价款的人都应该很了解，将银行卡添加到支付宝实际上就是开通了快捷支付。用快捷支付的方式进行金钱交易比较方便，不需要通过 U 盾或电子口令卡，在付款时直接输入支付密码即可完成支付。下面以将银行卡添加到支付宝为例，讲解具体的操作。

Step01 在支付宝登录页面（https://www.alipay.com/）单击"登录"按钮，在打开的对话框中输入账号和密码（可以是淘宝的账号和登录密码，也可以是绑定了淘宝账号的手机号与登录密码），单击"登录"按钮。

Step02 在打开页面右侧的"其他账户"栏中单击"银行卡"后面的"管理"超链接，再单击"添加银行卡"按钮。

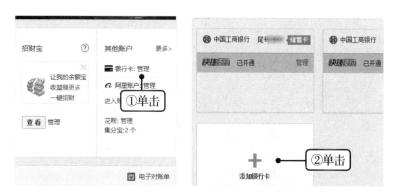

Step03 在打开的页面中输入姓名、身份证号、银行卡卡号和手机号码（如果用户以前已经添加过银行卡，系统会自动识别姓名和身份证号），单击"同意协议并确定"按钮，随后系统将会提示成功添加银行卡。

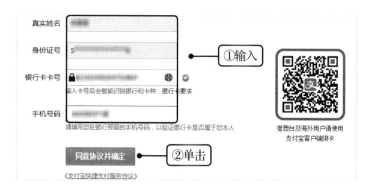

【提示注意】

用户自己不需要考虑某张银行卡是否能够开通快捷支付，因为在填写卡号的时候，系统会自动识别银行卡及卡种，并提示输入卡号的银行卡是否能开通快捷支付。

■ 实名认证，提高账户和资金安全

实名认证包括银行卡认证和身份认证，在添加银行卡时虽然已经输入

过银行卡号和身份证号，但这并不是真正的实名认证。实名认证需要在支付宝的"安全中心"里单独设置。下面来看看如何在支付宝中完成账户的实名认证。

Step01　在支付宝首页最上方单击"安全中心"超链接。

Step02　在打开的页面中单击"保护账户安全"选项卡，然后单击"实名认证"选项后面的"申请"超链接。

Step03　在打开的页面中输入个人的真实姓名、身份证号和常用地址等，选中"我同意支付宝服务协议"复选框，最后单击"确定"按钮即可完成实名认证。

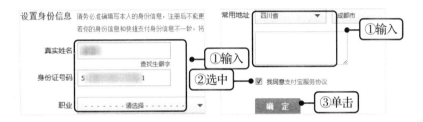

4．注册各种理财账号

不同的人有不同的理财想法，因此购买的理财产品也不尽相同，但需要理财的人在购买理财产品或者进入某理财网站时都可能涉及账号的注册问题。甚至有些网站需要注册账号后才能浏览相关的理财产品。这一小节我们以小牛在线理财网站为例，讲解具体的注册过程。

Step01　进入小牛在线首页（http://www.xiaoniu88.com/），在页面右上角单击"注册领红包"按钮。

Step02　在打开的页面中设置账号、手机号码和登录密码，输入验证码，选中"推荐人"右侧相应的单选按钮（无或有），选中"我已阅读并同意《小牛在线服务协议》"复选框，单击"下一步"按钮。

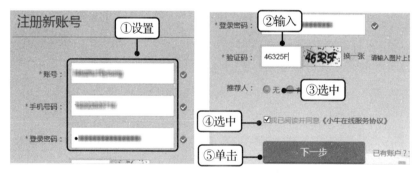

Step03 在打开的页面中仔细阅读协议，然后单击"接受此协议"按钮。

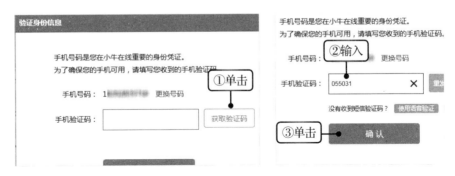

Step04　稍后系统将提示用户注册成功，用户可以在该页面为账户充值，只需单击"充值领红包"按钮即可。

📡 1.3 赚钱、存钱、省钱与投资

投资获取收益只是家庭理财的一部分，随着人们思想的进步，可能很多人忽略了家庭理财最初的方式，那就是省钱。懂得如何省钱也是家庭理财的一种手段，那么家庭理财究竟理什么呢？

1. 工作之余做兼职

要理财，首先得有"财"，所以一个家庭首先要学会赚钱。但是随着经济的高速发展和物价水平的提高，很多家庭的工作收入仅仅能勉强维持各项开支，想要有闲钱用来理财几乎不大可能。

作为理财的第一步——赚钱，需要家庭成员做些什么呢？除了正常的工作外，夫妻双方还可以适当做一些兼职，来拓展收入渠道。因为受到"家庭"这一组织的性质制约，并不是任何兼职都适合夫妻去做。比如酒店服务员、群众演员或商场销售人员等，这些兼职的工作时间不是太固定就是太随意，并不适合有工作且生活规律的上班族。

那么哪些兼职比较适合家庭中的上班族呢？比如会计出纳、打字员或者手抄员等，这些兼职可以允许兼职人员随意安排时间，所以上班族们做这些兼职不会影响正常工作，还能赚取额外的收入。

另外，妻子也可以利用闲暇时间到小的百货店做收银员，而丈夫如果是技术型的人才，则可以在闲暇的时候去朋友店里帮忙，或者自己开店营业。总的来说，家庭理财过程中，夫妻双方的兼职工作要符合以下几点要求。

◆ 不影响正常的工作，包括考虑时间冲突或竞业禁止等问题。

◆ 不能盲目兼职，在选择兼职工作时还要考虑兼职的时间与收入的边际效益，也就是拿到的收入值不值得付出那么多的兼职时间。

◆ 没有孩子的家庭，夫妻双方可以有更多的闲暇时间做兼职，有些夜班兼职的收入会更高。

◆ 有孩子的家庭，在选择兼职的时候要考虑留时间照顾孩子。如果家里没有爷爷奶奶或者外公外婆带孩子，那么夫妻双方最好只有一个人兼职，另一个人在家照顾孩子；但如果有爷爷奶奶或者外公外婆照顾孩子，则夫妻双方可以适当增加兼职的力度。

◆ 不能只顾兼职而忘了与孩子的沟通交流，挣钱养家很重要，但对孩子的关心更重要。

2．存钱、省钱和投资

赚了钱，有了闲置资金，接下来就要实实在在地开始理财计划了。家庭理财分为3个方面：存钱享受收益、合理消费省钱以及投资让财富增值。

■ 存钱享受收益

大众认为的存钱都是银行，自打支付宝推出余额宝以后，越来越多的人将资金存入余额宝，享受储蓄收益的同时还方便购物。不过还是有一部分人对网上的理财产品不放心，习惯将资金存入银行。

一般的银行储蓄有活期储蓄和定期储蓄，活期储蓄的利息收入极低，而定期储蓄又分为很多种，如零存整取、整存零取、整存整取以及存本取息等，具体内容我们将在第2章中详细介绍。

■ 合理消费省钱

有一个成语叫"积少成多"，节俭也是中华民族的传统美德。省钱就是变相理财。家庭生活中有很多可以省钱的地方，比如购物、旅游以及买房等方面。

掌握一些省钱妙招可以实现低成本高回报的生活目标，减少家庭开支，增加家庭的闲置资金并用于投资或者储蓄。省钱就是节流，而储蓄与投资就是开源，下面来看一个案例。

王女士一家有一个两岁的孩子，夫妻双方目前的月总收入大概在7000元左右，而家里面的开销也不小。于是夫妻两人决定平时没事儿就少打电话，以此来节省通讯费。由于工作的地方离家不远，所以计划走路上班，但是每天得早起接近一个小时。一个月过后，夫妻两人发现钱是省下来了，可回想了一下，因为少用电话，所以错过了很多需要夫妻双方协商处理的事情。每天走路上班虽然节省了路费，但上班时的精神状态不佳，似乎影响了各自的工作效率。

　　而张女士家同样有一个两岁的孩子，夫妻双方目前的月总收入大概也在7000元左右。但张女士和丈夫却是这样计划的：趁移动或联通有优惠活动的时候去充值，有时会有充500元送500元购物卡的活动，这样就赚了500元的购物费。另外，张女士和他的丈夫工作地点不在一起，但在一条线上。于是两人决定买一辆电瓶车，早上顺路一起上班，下午顺路一起下班。3个月下来，张女士和他的丈夫算了算总的支出和收入，发现扣除当初买电瓶车的钱和日常开支，还真的是省下了一笔不小的资金。同时两人在生活中的沟通也增加了，工作效率也因为电瓶车带来的方便而提高了。

　　所以，由上述两个案例我们可以知道，省钱也要讲技巧。省钱的目的是为了更好地生活，而不是靠牺牲生活品质来完成财富的积累，那样很可能就得不偿失了。

■ 投资让财富增值

　　现在很多家庭理财的重点都在投资方面，毋庸置疑，投资是获取高收益的有效途径，它可以在很短的时间内帮助投资者获取理想的收益。但是投资的风险也是与收益成正比的，很多高收益理财产品往往伴随着高风险。而投资理财产品一般有债券、股票、基金、黄金、白银、房地产以及外汇等，具体内容我们将在后面的章节中一一介绍。

1.4 确认收入情况

　　　　理财之前除了要赚钱以外，还要掌握家庭收入的具体情况，这样可以更好地安排日常开支的预算和结余资金的投资方向。那么如何确认家庭收入的具体情况呢？

大多数的家庭都习惯在电脑的 Excel 表格中计算收入和支出状况，然后随时摆一个计算器在桌上，边用计算器计算边在电子文档中记录。时间久了我们会发现这样很麻烦。为了给用户提供一些便利的方法，下面我们就通过"融360"中的相关工具来计算家庭收入情况。

Step01 进入"融360"的"计算器"页面（https://www.rong360.com/calculator/），在该页面中列举了多种计算器，滚动鼠标中键向下浏览页面，找到"工资工具"板块，单击"税后工资计算器"超链接。

Step02 在打开的页面中，系统一般会默认选中"税前月薪计算税后月薪"单选按钮和用户当前所处的城市（选择不同城市会影响计算的结果），这里设置城市为"北京"，然后在"月薪"数值框中输入相应的工资金额（一般是税前工资在 3500 元以上的情况），这里输入"10000"，接着单击"计算"按钮。

Step03 页面自动向下移动到"输出结果"板块，用户不仅可以看到自己的税后工资有多少，还能清楚地知道自己的工资扣除了一些什么以及个人所得税的计算明细。

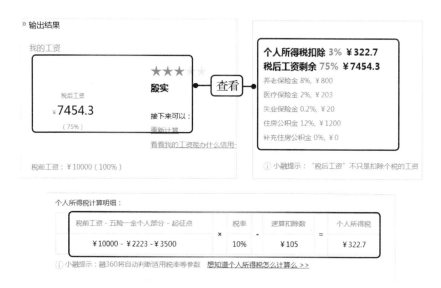

通过税后工资计算器不仅可以根据税前月薪计算税后月薪，还能根据税后月薪反推税前月薪，这一功能对只知道税后月薪的当下很多工作人员来说都非常有用。具体操作步骤如下。

Step01 在"税后工资计算器"页面的"输入数据"板块中，选中"税后月薪反推税前月薪"单选按钮，然后单击"城市"文本框右侧的按钮，在弹出的"城市列表"中选择所在城市，这里选择"北京"选项。

Step02 在"月薪"数值框中输入税后月薪,这里为"10000",然后单击"计算"按钮。

Step03 页面自动向下移动到"输出结果"板块,用户可查看自己的税前工资是多少,同时也能查看到自己的工资在各方面分别扣除了多少,以及个人工资与单位成本的比较情况。

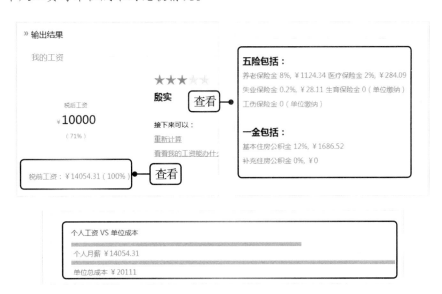

用户利用融360的工资工具,不仅可以快速计算出税后工资和反推税前工资,而且还能计算年终奖金的税后金额,具体操作如下。

Step01 在"工资工具"页面左侧的"工资计算"栏中单击"年终奖个人所得税计算器"选项卡,在右侧的"年终奖金"数值框中输入年终奖金金额（税前年终奖金），这里输入"10000"，然后单击"计算"按钮。

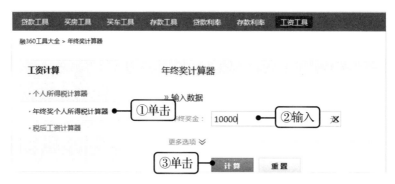

Step02 在"输出结果"板块中即可查看到自己的税后年终奖有多少，还能查看年终奖扣除的个人所得税是多少。

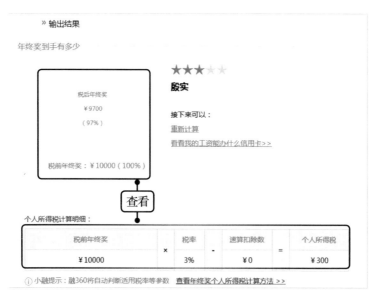

在融360中除了有工资工具，还有贷款工具、买房工具、买车工具和存款工具等，用户可以根据自身的需求选择适用的工具来计算出相应的数据结果，方便又实用。

.02
. PART .

储蓄的
多种类型

网银自主
存钱

储蓄新招

储蓄不只是简单地存钱

很多人认为，储蓄就是把钱存进银行就完了，也都知道储蓄只能拿到少量的利息。其实储蓄也是有一定技巧的，掌握好这些技巧，利用好这些方法，就可以将储蓄的利润最大化，所以本章就来介绍这类看似简单的理财方式后面的门道。

2.1 储蓄是"一片海洋"

> 储蓄也是投资的一种，并且是大众最先接触的投资方式，同时也是大众较信任的一种投资手段。储蓄发展的时间长，因此其复杂程度可想而知，储蓄的类型也相应比较多。

储蓄分为两大类，活期储蓄和定期储蓄。活期储蓄仅仅起到存钱的作用，其利息少到可以忽略不计；定期储蓄有着比活期储蓄高很多的利息收益。因此，家庭理财一般都进行定期储蓄。

■ 整存整取

整存整取定期储蓄一般50元（或等值于人民币100元的外汇）起存，存期分3个月、半年、1年、3年和5年（个别地区经人民银行批准开办9个月档次）；而外币存期分为1个月、3个月、6个月、1年和两年这5个档次。

本金一次存入，由储蓄机构发给存单（折），到期凭存单（折）支取本息，存期内按存入时同档次定期利率计息。如果到期未支取，超过存期部分的时间按支取日公布的活期利率计息；如果提前支取，则按支取日挂牌公告的活期储蓄存款利率计付利息，特别要注意，提前支取时需凭借存单和存款人的身份证明。

银行开具的存单是记名的，可以保留密码，也可以挂失。如果是找人代取或者帮人代取，需要代取人提供存款人身份证件和本人身份证件。整存整取的本息可以在到期日由系统自动转存，也可根据存款人意愿到期办理其他业务。

整存整取既安全又获利，适合许多家庭用来存储生活待用款。因为整存整取的交易凭证是存单而不是银行卡（个别情况除外），所以不方便保管，容易丢失，造成不必要的麻烦。

【提示注意】

存单一般用于一次性存取的整存整取或定活两便储蓄。存单是一张一张的，一张存单只能存一笔定期存款，而存折是一个本儿，可以将多笔定期存款集中在一个存折里，便于保管。

■ 零存整取

零存整取是指储户在进行银行存款时约定存期、每月固定存款和到期一次支取本息的一种储蓄方式。一般每月5元起存，每月存入一次，中途如有漏存，应在次月补齐，并且只有一次补交机会。若次月储户仍未补存，则视同违约，到期支取时对违约前的本金部分按实存金额和实际存期计算利息；违约后存入的本金部分，按活期利率和实际存期计算利息。

零存整取的存期一般分1年、3年和5年，利息按实存金额和实际存期计算，具体利率标准按银行利率表执行。零存整取开户手续与活期储蓄相同，只是每月要按开户时的金额进行续存。

储户提前支取零存整取的资金时，手续比照整存整取定期储蓄存款有关手续办理。零存整取利率一般为同期定期存款利率的60%，虽然低于整存整取的利率，但高于活期储蓄的利率。

零存整取储蓄方式可集零成整，具有计划性、约束性和积累性的功能。因此，该储种适合各类储户参加储蓄，尤其适用于低收入者生活节余积累成整的需要。另外，整存整取还适合有固定收入和小额余款的储户储蓄。

■ 整存零取

整存零取是指在开户时约定存款期限，本金一次存入，固定期限分次支取本金的一种定期储蓄。1000 元起存，存期分 1 年、3 年和 5 年，支取期分为 1 个月、3 个月及半年一次。

整存零取的利息按存款开户日挂牌整存零取的利率计算，在期满结清时支取。到期未支取部分按支取日挂牌的活期利率计算利息；若要提前支取，则只能办理全部支取。

整存零取每次支取的本金数额是储户事先与银行商议好的，中途如果想要变更，储户需要向银行申请。此时若变更了每次支取本金的数额，支取期一般也会有变化。

该储种适合那些每月或者每季度有固定支出，且存入资金的金额较大的家庭。但由于整存零取在提前支取时需要办理全部提前支取，存取不方便，所以很多家庭不常用这种储蓄方式。

■ 存本取息

存本取息定期储蓄是指个人（家庭）将属于其所有的人民币一次性存入较大的金额，分次支取利息，到期支取本金的一种定期储蓄。5000 元起存，存期分为 1 年、3 年和 5 年。

该储种按开户日相应存期的存本取息挂牌利率计付利息。存本取息一般签发的是存折，储户凭存折分期取息。需要注意的是，一旦取息期确定后，中途不得变更取息期，并且还要约定确定的取息日。存本取息的计算公式比较简单，也很好理解。

每次支取利息数额 = 本金 × 存期 × 利率 / 支取利息的次数

存本取息和整存零取一样，若是要提前支取本金，则需要办理全部提前支取，支取时按支取日挂牌公告的活期储蓄存款利率计算利息，同时将会扣回银行多支付给储户的利息。而利息不得提前支取，如果取息日储户没有取息，以后的时间可以随时支取利息，但此时不计算复息。

■ 其他储蓄类型

除了活期储蓄和定期储蓄以外，还有一些储蓄比较特殊，可能同时涉及活期储蓄和定期储蓄。具体内容如表 2-1 所示。

表 2-1　其他储蓄类型

类型	具体内容
定活两便	指存款开户时不必约定存期，银行根据客户存款的实际存期按规定计息，可随时支取。50 元起存，存期不足 3 个月的，利息按支取日挂牌活期利率计算；存期 3 个月以上（含 3 个月）不满半年的，利息按支取日挂牌定期整存整取 3 个月存款利率的 60% 计算；存期半年以上（含半年）不满一年的，整个存期按支取日定期整存整取半年期存款利率的 60% 计息；存期一年以上（含一年）的，无论存期多长，整个存期一律按支取日定期整存整取一年期存款利率的 60% 计息
通知存款	指存入款项时不约定存期，支取时事先通知银行，约定支取日期和金额。最低 50000 元（含）起存，或外币等值 5000 美元（含）。资金一次性存入，储户可一次或分次支取，但分次支取后账户余额不能低于最低起存金额，当低于最低起存金额时银行将给予清户，转为活期存款。按存款人选择的提前通知的期限长短可将通知存款分为 1 天通知存款和 7 天通知存款。其中 1 天通知存款（提前 1 天通知银行）的存期最少需 2 天；7 天通知存款（提前 7 天通知银行）的存期最少需 7 天
教育储蓄	为鼓励城乡居民储蓄，也为其子女接受非义务教育积蓄资金，促进教育事业发展而开办的储蓄。储蓄的对象为在校小学四年级（含四年级）以上的学生。存期分为 1 年、3 年和 6 年，每一账户起存 50 元，本金合计最高限额为 2 万元。客户凭学校提供的正在接受非义务教育的学生身份证明，一次支取本息时可享受利率优惠，并免征储蓄存款利息所得税

【提示注意】

在介绍整存整取时，我们简单提到过存单和存折的区别。其实一本通就是存折，且有活期一本通和定期一本通两种。如图 2-1 所示为存单和一本通。

图 2-1　存单（上）和一本通（下）

2.2 不去银行，自己存

　　在网上银行还没有普及时，人们要将钱存入银行，必须亲自到银行网点的柜台办理存款业务。随着存钱的人越来越多，去银行存钱就会排队，耽误很多时间。现在，储户可以自己在网上完成储蓄了。

1. 网银登录密码忘记了怎么办

　　在第 1 章中，我们已经为银行卡开通了网银，储户们可以通过网上银行将钱存进银行卡，方便又快捷。但是问题来了，总有些人在不经常使用网银的情况下忘记网银的登录密码，导致不能进入相应银行的网上银行，也就不能实现自主存钱，只好被迫亲自去银行网点的柜台办理存款业务。

那么，储户在忘记了网银登录密码时应该怎么做呢？为了方便广大受众，下面以工商银行为例，来看看如何自行更改网银密码。

Step01 进入工行网上银行官网（http://www.icbc.com.cn/icbc/），在页面左侧单击"个人网上银行"按钮。

Step02 在打开的页面中，系统会提示安装工行的网上银行相关控件和驱动程序。如果用户没有安装则需根据页面中提示的步骤进行安装，若已经安装了控件和驱动程序，只需在页面最下方单击"登录"超链接。

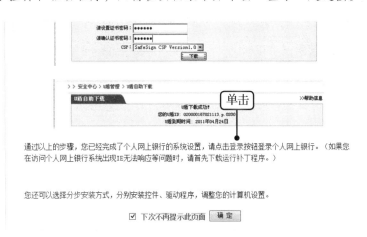

Step03 在打开的页面中，单击"忘记登录密码"超链接，在新页面中输入注册卡（账）号/手机号/用户名和验证码，单击"提交"按钮。

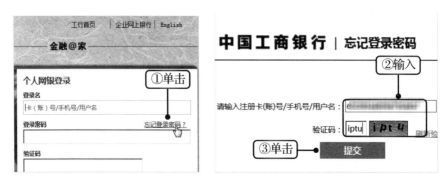

Step04 在"短信验证"页面中输入注册卡号，选择证件类型，填写证件号码和验证码，单击"提交"按钮，此时系统会提示输入卡号密码（银行卡的取款密码），然后再单击"提交"按钮。

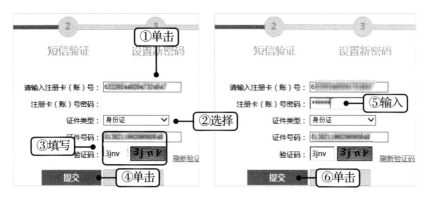

Step05 单击"获取短信验证码"按钮，然后将收到的验证码输入到"短信验证码"数值框中，单击"提交"按钮。

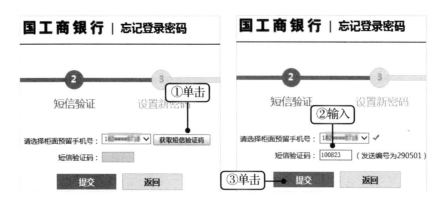

Step06 在"设置新密码"页面中输入新密码并确认,然后输入验证码,最后单击"提交"按钮。

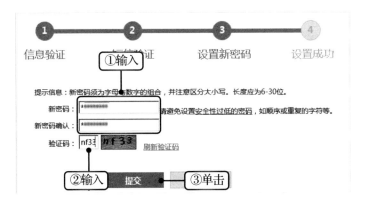

Step07 此时系统提示登录密码重置成功,单击"完成"按钮即可返回到网银的登录页面。

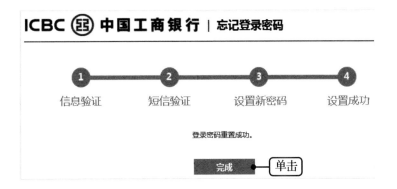

2. 活期转定期,几步就搞定

家庭生活中要做的事情很多,去银行办理相应的业务会比较耗时间,特别是像把活期转成定期存款这样简单的业务。为了鼓励用户使用网上银行办理相关业务,很多银行的网上银行都提供了便捷理财通道,用户可以自行在网上完成活期转定期的操作。下面以在建设银行网上银行完成活期转定期为例,讲解具体的操作步骤。

Step01 进入建行网上银行首页（http://www.ccb.com/cn/home/indexv3.html），在页面左上角单击"登录"按钮，在打开的页面中输入账号和登录密码，单击"登录"按钮。

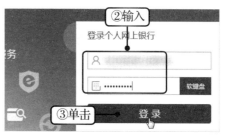

Step02 进入个人网上银行页面，将鼠标光标移动到"转账汇款"选项卡处，在"定活互转"栏中单击"活期转定期"超链接。

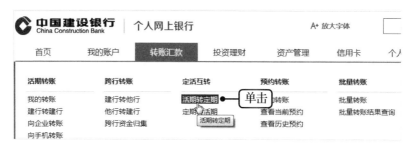

Step03 在新页面中选择定期储蓄类型，这里选择"整存整取"选项，然后选择存款期限，这里单击"1年人民币整存整取"选项后的"存入"超链接。

活期转定期					
整存整取 零存整息 通知存款					
序号	存款类型	币种	存期	参考年利率(%)	起存金额
	三个月人民币整存整取	人民币	3个月	1.35	50.00	存入
	六个月人民币整存整取	人民币	6个月	1.55	50.00	存入
	一年人民币整存整取	人民币	1年	1.75		存入

Step04 在打开的页面中，选中"是否卡内转账"选项后的"是"单选按钮，并在"转账金额"数值框中输入要存成定期的金额（也可单击"转出全部金额"超链接，将银行卡中的所有资金转成定期），然后单击"下一步"按钮。

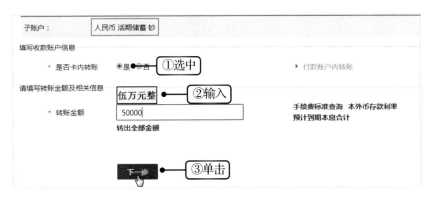

Step05 在新页面中查看转账信息，确认无误后单击"确认"按钮，最后完成支付即可。

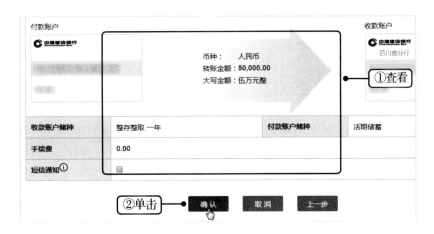

3．网上提前知晓存款收益

网络资源中，有很多网站都为用户提供了计算储蓄收益的工具，比如定期存款利息计算器。具体要怎么使用这些工具呢？下面以在融360中使用"存款工具"来计算存款收益为例，讲解具体的操作过程。

Step01 进入"融360计算器"页面，其网址为 https://www.rong360.com/calculator/，滚动鼠标中键向下浏览页面，找到"存款工具"板块，单击其中的"存款利率计算器"超链接。

Step02 在打开的页面中找到"输入数据"板块，在其中的"存款金额"数值框中输入存款金额，这里输入"10000"，然后单击"存款周期"数值框右侧的按钮，在弹出的下拉列表中选择存款周期，这里选择"活期"选项，系统会相应地确定存款利率，这里为"0.35%"，然后再输入活期存款月数，比如这里输入"9"，然后单击"计算"按钮。

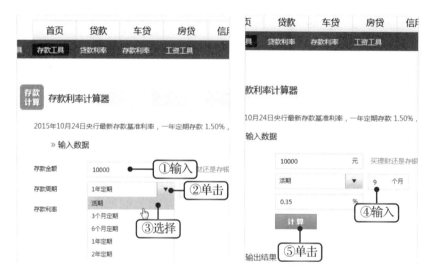

Step03 用户在"输出结果"板块就能查看存款利息金额和本息合计数。

如果用户在 Step02 中选择"3 个月定期"、"6 个月定期"或"1 年定期"等存款周期选项，则不再需要用户单独输入存款月数，直接单击"计算"按钮就可计算出相应的存款利息和本息合计金额。

在融 360 计算器的存款工具中，除了有"存款利率计算器"外，还设有单独的"活期存款利率计算器"和"定期存款利率计算器"，在不同的计算器中可单独计算活期存款利息和定期存款利息。具体步骤如下。

Step01 在"存款工具"页面的左侧单击"活期存款利率计算器"选项卡，在"输入数据"板块的"存款金额"数值框中输入存款金额，这里输入"10000"，然后在"存款周期"数值框中输入存款月数，这里输入"15"，接着单击"计算"按钮，在"输出结果"板块中即可查看存款利息金额和本息合计金额。

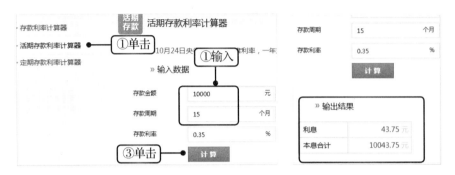

Step02 单击页面左侧的"定期存款利率计算器"选项卡，在右侧"输入数据"板块的"存款金额"数值框中输入存款金额，这里输入"10000"，单击"存款周期"数值框右侧的按钮，在弹出的下拉列表中选择"6个月定期"选项，然后单击"计算"按钮，即可在下方"输出结果"板块查看计算结果。

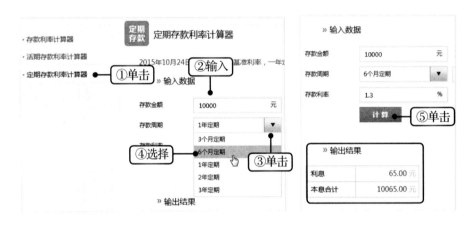

2.3 储蓄新招

在储蓄过程中，储户们可能会遇到很多不理解或者无法解决的问题，比如自动转存会有利息损失的可能、教育储蓄的提前支取以及通知存款怎么"通知"等。这一节我们就来详细了解这些问题的解决办法。

1. 工薪族适合零存整取

很多人都觉得，现在的工薪族要想存点钱实在是很困难的。因为一方面要支付生活和工作方面的开支，同时还要应对亲戚朋友聚会、结婚和请客吃饭等特殊情况，资金的花费存在着很多不确定性。

零存整取的特点决定了这种储蓄方式适合低收入者且有一点结余的人群，所以工薪族家庭可以将每月收入规划一部分出来进行零存整取。储户可以去银行办理，也可以自行在网上办理，下面以在工行网上银行完成零存整取业务为例，讲解具体的操作步骤。

Step01 进入工行登录页面（https://mybank.icbc.com.cn/icbc/perbank/index.jsp），输入登录名、登录密码和验证码，选中"标准版"单选按钮，单击"登录"按钮。

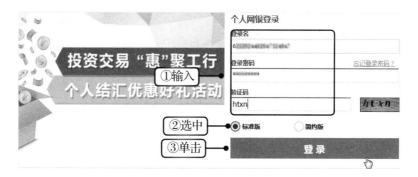

Step02 此时页面中会出现系统提示升级服务的信息，单击"我要升级服务"按钮，接着单击"进入网上银行"按钮。

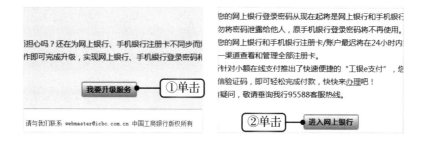

Step03 在欢迎页面选择"定期存款"选项，进入定期存款信息页面。

Step04 在新页面中选择储蓄种类为"零存整取"，根据自己需求设置存期，这里设为"1年"，选择币种，单击"查询"按钮。

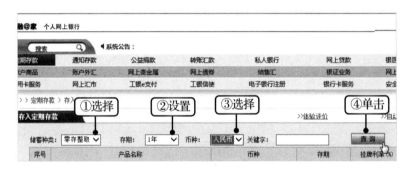

Step05 在新页面中可以查看到搜索结果，在要存的零存整取业务后面单击"存入"超链接。

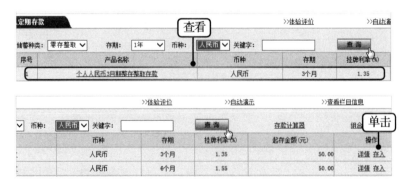

Step06 在打开的页面左侧可以看见当前零存整取的挂牌利率和起存金额，在"金额"数值框中输入每月要存的金额，这里输入"500"，然后可以查看到期后的本息合计，接着单击"提交"按钮。

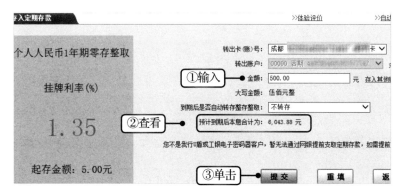

Step07 在打开的页面中确认存款信息后，单击"确定"按钮，之后完成支付即可。

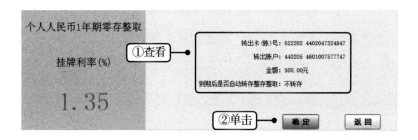

2．加息了，定期存款要如何应对

很多时候，人们在银行存了 1 年、3 年甚至 5 年的定期存款，但刚存了半年以后或者一年以后发现定期存款的利息涨了，这时候怎么办呢？难道要眼看着吃亏？

在银行宣布加息的消息后，定期存款的利率上调，存款的收益有所增加。那么在加息后以前的定期存款该转存吗？应该怎样转存才能获得最大收益呢？

实际上，加息后定期存款是否该转存是由一个分界点来决定的。理论上存入的时间越短，转存就越划算。如果存款天数超过了这个分界点，那么提前支取后再转存就会有利息损失；否则就可以增加利息收入。那么这一分界点怎么测算呢？其公式如下：

转存利息分界点＝一年的天数 × 现存单的年期数 ×（新定期存款年利率–现存单的定期年利率）/（新定期存款年利率–活期存款年利率）

例如，一笔存款原来约定的定期年息为 2.5% 且存期为一年，现在加息后想要转存为存期一年且年息 3% 的定期存款。活期年息是 0.4%，一年按照 360 天测算。

那么，转存利息分界点为 360×1×（3 – 2.5）/（3 – 0.4）＝ 69 天。也就是说，如果已经存了 69 天，再将钱取出并转存是不划算的；如果尚未超过 69 天，将钱取出再转存就可以收获更多的利息。依照此公式可计算出 3 个月期的分界点为 17 天，半年期的分界点为 35 天，两年期的分界点为 138 天，3 年期的分界点为 207 天，5 年期的分界点为 345 天。

所以，储户们可以根据这个公式，结合自身家庭的储蓄情况，在银行加息的时候，计算转存利息分界点，然后判断家庭储蓄是否适合转存，若适合，那就执行转存来获取更高的利息收益；若不适合，还是放弃转存吧！

需要注意的是，这里的转存属于约定转存，是储户根据自己的需求，在需要进行转存的时候向银行申请转存。

当通货膨胀率高于银行存款利率时，银行就很可能加息，因此，为了避免利益受损，短期的资金储蓄可以选择通知存款类型；存期较长且金额较大的存款就可进行拆分，按不同的期限储蓄，在利率调整时就可以选择性地转存。

3．自动转存如何避免利息损失

当今社会，人们生活和工作都很忙碌，很多在银行存了定期储蓄的人都没时间或者不能按时去银行完成定期存款的约定转存，导致存款期限到时没有及时转存，而到期后的时间，银行会按活期利率计算到期后的利息收益。这样一来，储户们间接遭受了损失。

怎样才能避免这种利息损失呢？在前面的内容中我们知道了除了约定转存以外还有自动转存，自动转存就能避免这种情况下的利息损失。那么自动转存究竟是个什么样的业务呢？

在储户的定期储蓄存款到期后，银行可以自动把定期储蓄存款的本息合计金额按照原存款单约定的定期期限，根据转存日的挂牌外币利率，将其转存为新的定期存款，这样储户就可以避免因为忙碌或遗忘转存而损失自己的利益。

周先生 2014 年 1 月在工行存了 1 万元 1 年期的定期存款，当时的利率为 3.25%，而 2015 年的活期储蓄利率为 0.35%。2016 年 1 月（两年后）取出，发现利息是按照 1 年定期利率和 1 年活期利率结算的，取得本息共 10361.1375 元。他很纳闷，自己明明存的定期，为什么还会有用活期利率计算利息的情况，于是向银行有关人员说明了自己的疑惑。

这才知道自己没有在 1 年到期时转存本金，所以一年后就会按照活期利率计算利息。如果周先生办理了自动续存手续，则在 2015 年 1 月到期后，这笔本息会按照 2015 年的一年期定期储蓄利率计算收益，即 3%。那么 2016 年可取得本息共计 10634.75 元。如此一算，周先生就白白损失了 273.61 元。

与银行约定好自动转存有两方面的好处，一是避免存款到期后没有及时转存，逾期的部分将按照活期计息而损失利益；二是如果存款到期后不久遇到了利率下调，没有约定自动转存，则再存入时就要按照下调后的利率计息；如果遇到利率上调的情况，则储户可以将钱取出后再存入。

4．利用通知存款解决资金闲置问题

我们在本章的第一节内容中已经了解了什么是通知存款，总的来说，通知存款就是一种在取款前要提前通知银行的储种。

通知存款支取时比较方便，且支取时，支取部分金额按照支取日的活期利率计算收益，剩余资金只要不低于通知存款规定的最低限额，依旧采取原来的存款利率计算利息收益，并不会和支取部分的资金一样记为活期储蓄。当然，上述执行规则需要满足一定的条件，如下所示。

◆ **存满一定时间**：1 天通知存款需要存满两天，7 天通知存款需要存满 7 天。

◆ **提前通知银行**：1 天通知存款要在实际取款日前一天通知银行，7 天通知存款要在实际取款日前 7 天通知银行。

由于通知存款的存期可以少到两天，所以对于有一定闲置资金且平时资金用处又不确定的家庭来说是非常实用的。

李女士 2016 年 2 月 23 日在工行存了一笔 8 万元的 7 天通知存款，但存好以后才意识到，一周后（2016 年 3 月 8 日）家里要给孩子一笔 4000 元的生活费，所以家里人决定在 3 月 1 日的时候通知银行要从 8 万元中取出 4000 元。

这种情况我们可以分析，李女士的 8 万元存到 3 月 8 日符合了存满 7 天的条件，而且 3 月 1 日通知银行也符合了提前 7 天通知银行的标准。所以李女士在 3 月 8 日的时候可以顺利取出 4000 元。

在这其中，李女士取出的 4000 元存了 12 天，获得的利息收益为 $4000 \times 0.3\% \times 12/360 = 0.4$ 元。而另外的 76000 元存一年后按规定取出，利息收益为 847.61 元（用银率网中的利息计算功能计算得出）。因此李女士的通知存款本息和将近 76848 元。

这样看来，李女士采用通知存款是明智的选择，既解决了临时用款需求，也获得了不小的存款收益。

5.教育储蓄计算器预测收益

教育储蓄是一种比较特殊的储蓄种类，它针对的对象有限制，且这种限制比较固定统一，即对象为在校小学四年级（含四年级）以上的学生。为了让父母们更清楚教育储蓄的好处，网络上有很多用于计算并预测教育储蓄收益的工具。下面我们以在挖财网计算教育储蓄收益为例，讲解具体的操作步骤。

Step01 在浏览器的地址栏中输入网址（http://www.wacai.com/tools/jycxjsq.html），进入挖财网"教育储蓄计算器"页面，在该页面左侧有很多其他理财方式的计算工具。在"教育储蓄计算器"栏中设置初始存入日期，然后选择储蓄存期，这里选择"6年期"选项，系统这时会自动给出相应的年利率，接着输入月存入金额，比如"1000"，然后单击"开始计算"按钮。

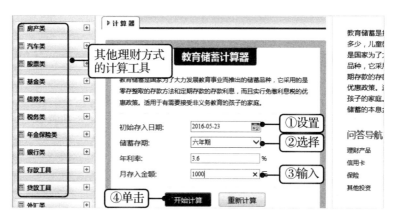

Step02 此时系统将打开"最低起存金额为50元，6年期每月存款不能高于277元"的提示对话框，单击"确定"按钮。如果用户最先填写的月存入金额在提示范围内，将没有此步骤。

Step03 重新输入月存入金额为"277"，单击"开始计算"按钮，在下方的"计算结果"栏中即可看到计算结果。

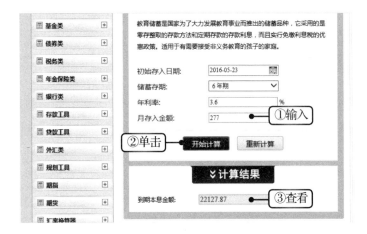

6. 提前接受非义务教育的学生如何动用教育储蓄

提前接受非义务教育是指储户的孩子在接受非义务教育的时候，教育储蓄还没有存满相应的期限。此时也只有提前支取教育储蓄资金。那么储户该怎么做呢？

◆ 储户在不能提供正在接受非义务教育的证明时，其教育储蓄不享受利率优惠，即一年期和 3 年期按开户日同期同档次零存整取定期存款利率计算利息；而 6 年期教育储蓄则按开户日 5 年期零存整取定期存款利率计算利息。同时还会按照有关规定征收储蓄存款利息所得税。因此，要让教育储蓄实实在在划算，就需要保证孩子能接受非义务教育。

◆ 提前支取时必须全额支取，能提供"证明"的，可按实际存期和开户日同期同档次整存整取（6年期的参照整存整取5年期的利率）期存款利率计算利息，并免征储蓄存款利息所得税；不能提供"证明"的，按实际存期和支取日活期存款利率计算利息，并按有关规定征收储蓄存款利息所得税。

一般来说，3年期的教育储蓄适合初中以上的学生，当升入高中或大学时就可以在存款到期时享受优惠利率并及时派上用场。而6年期则适合小学四年级以上的学生，作为孩子上高中或大学的后备储蓄资金。

【提示注意】

教育储蓄逾期支取的，其超过原定存期的部分按支取日活期储蓄存款利率计付利息，并按有关规定征收储蓄存款利息所得税。所以，教育储蓄逾期支取并不会给储户带来很大的损失。

7. 极速60单，储蓄也有高收益

什么是极速60单呢？它其实是一种存款方法，通过实践证明，该方法比快速60单的收益要高，下面我们来对这两种储蓄方法进行具体的认识。

■ 极速60单

这一方法是指第一年每个月存5单，至于每单存期的多少可按照储户自身的情况进行设置，然后一年12个月就可完成60个存单的目标。如果储户想在5年后将60单一并取出，并且为了在这5年中资金使用可以灵活一些，那么可以按照如表2-2所示的一种较简单的方法进行极速60单的储蓄。

表 2-2 极速 60 单的存法之一

时间	1 年定期	2 年定期	2 年定期	3 年定期	5 年定期
第一年	每月一笔	每月一笔	每月一笔	每月一笔	每月一笔
第二年	到期转一年				
第三年	到期转三年	到期转三年	到期转三年		
第四年				到期转两年	
第五年					

从上面的表格中可以看出，实际上第一年每月两年期的存单有两张，为什么这样设置呢？因为要满足资金使用的灵活性，还要考虑收益的相对较高性，因此 1 年期、3 年期和 5 年期的存单尽可能不要存太多。

王女士是一名公司白领，他的丈夫也是一名公司的中层管理员，一家人的收入还算不错，每月工资在 8000~10000 元，除去家庭生活的各项开支和投资贷款等资金外，每个月几乎还有 2000 多元的结余。于是他和丈夫一起决定采取极速 60 单的方法存一些钱在银行，当作是给家庭资产的一个保障（参照 2016 年央行公布的基准利率标准，并忽略这 5 年里利率的变化情况）。

一年定期的本息总额：$400 \times (1+1.5\%) \times (1+1.5\%) \times (1+2.75\%) \times 12 \approx 5081.07$ 元。

两年定期的本息总额：$400 \times (1+2.1\%) \times (1+2.75\%) \times 12 \times 2 \approx 10071.14$ 元。

3 年定期的本息总额：$400 \times (1+2.75\%) \times (1+2.1\%) \times 12 \approx 5035.57$ 元。

5 年定期的本息总额：$400 \times (1+2.75\%) \times 12 = 4932$ 元。

王女士一家在所有存单到期后，可获得本息总额为 5081.07+10071.14

+5035.57+4932=25119.78 元。

■ 快速 60 单

这一方法是指 60 个存单不在第一年就存完，而是在相应的时间内存满 60 个存单即可。为了与极速 60 单形成鲜明的对比，我们在这里规定 5 年存满 60 单，为了使这 60 张存单能较好地集中在一段时间取出，可以参照如表 2-3 所示的简单方法进行储蓄。

表 2-3 快速 60 单的存法之一

时间	存法
第一年	每月存一笔一年定期，到期转两年定期，再到期时再转两年定期
第二年	每月存一笔一年定期，到期转两年定期，再到期时再转一年定期
第三年	每月存一笔一年定期，到期转一年定期，再到期时再转一年定期
第四年	每月存一笔一年定期，到期转一年定期
第五年	每月存一笔一年定期

这种方法每年存 12 个存单，5 年后总共存 60 个存单。这样设置是为了实现每一年都有存单到期的目的，方便储户对资金的临时需求。如果在上述王女士家庭的情况下用该方法进行储蓄，其到期后的本息总额又是多少呢？

第一年存的钱的本息和：$400 \times (1+1.5\%) \times (1+2.1\%) \times (1+2.1\%) \times 12 \approx 5078.77$ 元。

第二年存的钱的本息和：$400 \times (1+1.5\%) \times (1+2.1\%) \times (1+1.5\%) \times 12 \approx 5048.97$ 元。

第三年存的钱的本息和：$400 \times (1+1.5\%) \times (1+1.5\%) \times (1+1.5\%) \times 12 \approx 5019.26$ 元。

第四年存的钱的本息和：$400 \times (1+1.5\%) \times (1+1.5\%) \times 12 \approx$ 4945.08 元。

第五年存的钱的本息和：$400 \times (1+1.5\%) \times 12 = 4872$ 元。

所以这 5 年存的钱，到期后所有本息和为 5078.77+5048.97+5019.26+ 4945.08+4872 = 24964.08 元。

上述两种存法的本息和差额为 25119.78 − 24964.08 = 155.7 元。所以两种存法有一定的差额。但为什么差额不大呢？因为这里的快速 60 单采用了比较紧凑的安排，如果将第一年的存单全部存为五年期；第二年全部存为一年定期，到期转三年定期；第三年全部存为一年定期，到期转两年定期；第四年全部存为两年期；第五年全部存为一年期，那么结果又会有不同。

第一年存的钱的本息和：$400 \times (1+2.75\%) \times 12 = 4932$ 元。

第二年存的钱的本息和：$400 \times (1+1.5\%) \times (1+2.75\%) \times 12 = 5005.98$ 元。

第三年存的钱的本息和：$400 \times (1+1.5\%) \times (1+2.1\%) \times 12 \approx$ 4974.31 元。

第四年存的钱的本息和：$400 \times (1+2.1\%) \times 12 = 4900.8$ 元。

第五年存的钱的本息和：$400 \times (1+1.5\%) \times 12 = 4872$ 元。

所以这 5 年存的钱，到期后所有本息和为 4932+5005.98+4974.31+ 4900.8+4872 = 24685.09 元。

这样与极速 60 单方法的差额为 25119.78 − 24685.09 = 434.69 元。由此可见，储户们可以尽量将存期细分化，得到的收益会更理想。

.PART.

借记卡和
信用卡

借记卡使
用小窍门

信用卡
刷卡心得

玩转银行卡

现在人手都有一张或多张银行卡，其中包括借记卡和信用卡。但是能将银行卡与省钱结合在一起的人却并不多，本章就一起来看看怎样"玩转"银行卡为家庭节省开支。

🌐 3.1 借记卡和信用卡

> 银行卡分为两大类，借记卡和信用卡。借记卡一般用于存放资金，而信用卡一般用来提前消费，而且很多时候在信用卡中存钱反而会受到贬值损失。那么借记卡和信用卡具体要怎么用呢？

1. 借记卡. 准贷记卡和贷记卡

用户们对借记卡都很熟悉了，就是大多数人平常时间使用最广泛且最频繁的银行卡，当然也有少部分有着"提前消费"观念的人最常使用的是信用卡。

■ 借记卡

借记卡也被称为储蓄卡，是指先存款再消费（取现），没有透支功能的银行卡，按照其功能的不同，借记卡可分为转账卡、专用卡和储值卡。因此借记卡有转账结算、存取现金和购物消费等功能。

借记卡的使用方法有两种，一是密码式，即用户在购物时输入借记卡的取款密码；二是签名式，购物时在收据上签字。密码式借记卡只适用于安装了在线 POS 机的商户；而签名式借记卡可用于安装了在线或非在线 POS 机的商户。另外，有的借记卡既适用于密码操作，也适用于签名操作。

■ 准贷记卡

一般的准贷记卡是指持卡人先按发卡银行的要求在卡中存入一定金

额的备用金，当备用金账户余额不足时，可在发卡银行规定的信用额度内透支的信用卡，但透支部分要从透支当日起计收利息，并且不享受免息期。

而近几年有些银行推出的新型准贷记卡，不但申请时不必缴纳备用金，还可以和贷记卡一样享受免息期。这种新型的准贷记卡以中国银行发行的长城（环球通）系列信用卡为代表，整合了借记卡和贷记卡的优势，既可以当贷记卡用，透支享受免息期，又具备借记卡的功能，如溢缴款按活期计算利息、同行存取款无手续费以及可同行或跨行转账。

■ 贷记卡

贷记卡又叫信用卡，是指先消费再还款，实质上是一种简单的信贷服务的银行卡。根据发卡对象的不同，贷记卡分为公司贷记卡和个人贷记卡。

公司贷记卡的发卡对象是各类工商企业、科研教育等事业单位、国家党政机关、部队和团体等法人组织；个人贷记卡的发卡对象是城乡居民，包括工人、干部、教师、科研工作者、个体经营户以及其他成年的有稳定收入来源的人。

按照信誉和地位等资信情况不同，可将贷记卡分为普通卡和金卡。普通卡是对经济实力、信誉和地位一般的持卡人发行的，对持卡人的各种要求并不高；金卡是一种缴纳高额会费、享受特别待遇的高级信用卡，持卡人信用度较高，偿还力和信用较强，金卡的服务范围也更广。

那么借记卡、准贷记卡和贷记卡之间究竟有什么样的相同点和不同点呢？如表 3-1 所示。

表 3-1　2015 年中国互联网企业 20 强排行榜

借记卡	准贷记卡	贷记卡
先存后用	先存后用，可适当透支	先用后还
存款计息	存款计息	存款不计息

续表

借记卡	准贷记卡	贷记卡
同城同行取现无手续费	同城取现无手续费	取现手续费较高
无年费	有一定年费，但低于贷记卡年费	3 者中年费最高
十年或无使用年限限制	使用年限一般最长为两年（新型准贷记卡和贷记卡基本一致）	使用年限一般为 3 年或者 5 年
不提供对账单，但持卡人可以向银行索取	不提供对账单，但持卡人可以向银行索取	每月免费向持卡人提供对账单
不可透支	可透支，传统准贷记卡的透支额度较小	可透支，额度较大
	传统准贷记卡一般无免息期	最长 56 天免息期
	传统准贷记卡一般是透支之日起每天收取手续费（单利）	免息期后每天收取手续费（0.5‰的复利）
	传统准贷记卡最长透支 60 天	无透支天数限制，建议在免息期内还清

2. 银联. VISA 和 Master 的区别

银联即中国银联，是指中国的银行卡联合组织，通过银联跨行交易清算系统，实现商业银行系统间的互联互通和资源共享，保证银行卡跨行、跨地区和跨境的使用。

VISA 译为维萨或维信，是一个信用卡品牌，1976 年开始发行，由 Visa 国际组织负责经营管理，它的前身是美洲银行发行的 Bank Americard。

而 VISA 卡也有借记卡和信用卡之分。Visa 为大、中、小型企业及政府机构提供了一整套商业支付解决方案。从卡种来看，有针对小型企业的 Visa 商务信用卡、Visa 商务借记卡及 Visa 系列商业信贷卡；还有针对大中型企业和政府机构的 Visa 公司卡、Visa 采购卡、Visa 商务卡、Visa 会议卡、Visa 车队卡和 Visa 分销卡等。

Master Card 就是万事达卡，1988 年进入中国，是第一个进入中国的国际支付公司，目前国内主要商业银行都是万事达卡的会员，Master Card 为会员银行和广大商户创造了各种商业机会和丰厚的利润。

那么这 3 者都有哪些优势和劣势呢？

◆ **单双账户**：银联标准卡采用人民币单账户，相比双币卡（Visa 和 Master Card）的一张卡双账户的年费成本更低。

◆ **手续费不同**：银联卡在境外刷卡时免手续费，而 Master Card 和 Visa，在涉及多种货币间的结算时，持卡人需缴纳一笔"国际信用卡外汇汇兑手续费"，汇兑手续费的收取标准按消费金额的 1%~2% 不等来收取。

◆ **境外取款价格**：银联卡境外取款价格更低。同样是收取 1% 的手续费，但银联标准卡的起点只有双币卡的 1/3 多一点；而标准卡每日 5000 元的取款上限也足够满足持卡人在境外的现金需求，同时还能降低卡片丢失的风险。

◆ **覆盖地区**：银联卡能提供中国人的专享服务。银联海外受理版图是完全按照中国人出境商旅的路线设计的，由港澳到东南亚，继而覆盖日韩，再挺进欧美，目前已经基本覆盖了中国人经常出境的 95% 的国家和地区，持银联标准卡能在不少地方享受到中文服务，为不谙外语的国人带来了方便。传统的 Visa 卡适合去亚太地区使用，而 Master 适合去欧美使用。但现在的 Visa 卡和 Master 卡覆盖的地区几乎相同。另外，Visa 卡在中国的使用比 Master 卡更广泛。

◆ **受理商户和终端**：根据覆盖范围我们可以推断，银联卡的受理商户和终端较多，而 Visa 卡的受理商户和终端比 Master 卡的多。

3.2 借记卡和信用卡

> 了解了借记卡的基本知识以后，我们家庭理财最主要目的还是要学会使用借记卡，让我们在用卡的过程中达到节省开支的效果，从而更好地完成家庭理财计划。

1．工资卡约定转存利息多

工资卡内的资金基本都是按活期存款方式存在卡内，按照目前的活期利率来计算利息的，而低利息收益等于是让活期存款在工资卡里"睡大觉"。

为了减少工资在工资卡里"睡大觉"造成的损失，用户可以将工资卡中的资金按照约定转存的方式把部分工资或全部工资存为定期。持卡人可凭借工资卡和身份证，到银行柜台开通这项服务，并设定一个转存点，让活期账户里的资金自动划转到定期账户中。但是不同银行的转存起点和时间有所不同。

例如，钟女士每月工资为 4000 元左右，其丈夫刘先生每月工资 6000 元左右。夫妻俩预估了一下家庭每月的正常开支大概在 3000 元左右，而两人手里都有结余，于是两人到银行将钟女士工资卡的转存点设为 1000 元，则超过 1000 元的部分会自动转存为定期存款；将刘先生的工资卡转存点设为 2000 元，超过 2000 元的部分银行会将其自动划转到定期存款账户中。并且两人都把转存后的定期设为一年期定期储蓄，这样方便临时用钱的需要，也可以避免利息上涨会带来的收益损失。

如果夫妻俩不实行工资卡约定转存，那么根据 2015 年 10 月 24 日公布的工行活期存款利率可知，一年后，这 10000 元的利息为 10000×0.30% = 30 元；而约定转存后，这 10000 元的利息就是 3000×0.30% + 7000×1.75% = 131.5 元。

由此可见，工资卡的约定转存利息是不约定转存利息的 3 倍多。

持卡人如果想要获得理想的利息收益，则在设定转存点时尽量往低点设置，这样存入定期储蓄的资金更多，利息收益也就更理想。

【提示注意】

使用信用卡的用户，可以将信用卡与工资卡绑定，然后在为工资卡设置转存点时将转存点设为信用卡每月的还款金额。这样约定后，能保证信用卡每月及时还款，并在还款后将剩余的资金转存为定期储蓄。

2. 工资卡闲钱用于基金定投

基金定投就是基金定期定额投资，它与单笔基金投资不同。主要有 3 个方面的好处。

◆ **手续简单，省心省力**：用户要进行基金定投，那么只需到银行办理一次性手续，此后每期申购的扣款均按月自动进行，不必每次都亲自到银行办理业务。并且，一般的基金定投都会有专门的基金管理人，帮助用户理好财。

◆ **复利增长，积少成多**：以"定额定投"方式购买基金可以实现小投资大收获。比如每月投资 1000 元，按 6% 的平均年收益率计算，连续投资 3 年，资金总额可达到 4 万元左右。也就是投资收益为 4000 元左右。

◆ **平均投资，分散风险**：基金定投方式下，投资者购买基金的资金是按期投入的，投资的成本也比较平均，且金额并不大，这样基金投资的风险就相对较低。而且不论市场行情如何波动，基金定投都会定期买入固定金额的基金，因此，在基金价格走高时买进的基金单位数较少，在基金价格走低时买进的基金单位数较多。长期如此，成本和风险自然就会均衡。

那么如何让基金定投和工资卡相结合使用呢？通过如图 3-1 所示的步骤我们可以进行简单的工资卡闲钱定投。

1 确定合适的基金品种，一般来说适合基金定投的最好是股票型基金或混合型基金。

2 确定基金定投金额和工资卡转存点。计划好基金定投每月要投的金额，然后向银行申请每月将定投金额从工资卡中划转出来。

3 确定基金定投时间和工资卡转存时间。若是确定好基金的定投时间，那么相应地工资卡划转时间也就确定了，且两个时间要一致。

4 工资卡中的剩余资金又可以约定转存为定期储蓄，这样既投资了高风险高收益的基金，又进行了稳健的银行储蓄。

图 3-1　如何利用工资卡闲钱定投

3．用"存贷通"抵减房贷的利息

年轻人常选择贷款方式购房，偿还房贷则是一个月还一次，利息月结。如何减轻每月的还款压力呢？是不是可以将"钱生钱"得来的利息用来偿还房贷利息呢？答案是肯定的。

建行的"存贷通"是专门针对建行房贷客户推出的一款服务。它将客户在建行办理的房屋贷款与还款代扣账户关联起来，当客户还款账户内的活期存款余额超过 3 万元时，建设银行按一定比例将部分资金视为提前还款，该部分资金不再支付贷款利息，并且还能按月获取日利息收益，而建行每月月末将提前还款所节省的贷款利息返还到活期存款账户上。

存贷通的每笔贷款可设定一个存贷通增值账户，增值收益更清晰；同一借款人的多笔贷款可设定一个存贷通增值账户；以后的新贷款自动享有"存贷通"的优惠和便利，无须再次申请。那么已经在建行办理个人住房贷款的老客户怎样开通"存贷通"业务呢？其具体流程如图 3-2 所示。

1　本人携带有效身份证原件、代扣存折或代扣银行卡到建银个贷中心办理。

2　填写开通"存贷通"的申请表和协议书。

3　等待建设银行对申请人和其提供的资料进行审核。

4　银行审核通过后，申请人与银行签订协议。

图 3-2　建行老客户办理存贷通的流程

而正准备在建行办理个人住房贷款的新客户可以在向银行申请按揭贷款时一并申请将代扣账户设为"存贷通"增值账户，接着就按照老客户开通"存贷通"业务的步骤进行即可。

个人房贷的"存贷通"账户里，所涉及的存款仅限于个人贷款存入"存贷通"账户的人民币活期存款，不含其他账户、其他存期或其他币种的存款。

【提示注意】

工行官网显示，自2016年6月1日起，不再受理新的个人账户综合理财业务（存贷通），对于已签订协议的客户也将不再受理展期业务，业务停办满一年后，存量客户协议将全部终止。为什么要停办呢？因为"营改增"后，税法要求收支两条线要明确，即存款利息就得付给客户，不能直接抵贷，所以停了。

因此，已经在工行或者是其他银行办理了"存贷通"业务的人，最好开始寻找另外的理财产品，避免因"存贷通"业务的停办造成不必要的经济损失。

4. 借记卡节省异地转账手续费

很多用户在用借记卡进行异地转账或跨行转账时都被收取了一定的转账手续费，这间接造成了持卡人的经济损失。而且异地转账手续费一般都是按照转账金额的一定比例收取，在没有超过最高标准时转账总额越多，收取的手续费越多。尤其是在岁末的时候，资金往来最繁忙，在异乡的打工者们总要把一年积攒下来的辛苦钱"搬"回老家。

而目前，各家银行的手机银行正在实施跨年度优惠战，不少银行开展免费跨行转账活动，同时部分银行的借记卡还可以实现全国 ATM 机免费取款。

比如工行，2016 年 2 月 25 日起，使用手机银行、融 e 联或工银 e 校园办理转账汇款免手续费；3 月 5 日起，使用网银办理单笔交易金额小于5000 元的转账汇款也免费；其他银行向工行账户汇款，工行不收取手续费，但要从工行将资金转到其他银行时，客户需要向汇出银行咨询收费标准。那么储户们可以通过哪些方法来节省异地转账手续费呢？

◆ **第三方平台**：支付宝是现在人们用得最多的第三方支付平台，它可以将银行卡中的钱转入支付宝账户，也能把支付宝账户中的钱转出到银行卡。通过电脑端进行转账时，按 0.1% 费率收取服务费，0.5 元起收，最高服务费为 10 元。例如，小明通过电脑端创建了一笔 10 元的我要付款交易，向收款方支付 10 元，支付宝将向小明收取 0.5 元的服务费，则小明实际要支出 10.5 元。而如果小明使用支付宝手机端转账时，则不会被收取服务费。

◆ **电子银行转账**：各银行都推出了网上银行、手机银行和电话银行等电子银行服务，通过电子银行自助服务进行转账，手续费比在柜台要便宜得多。具体收费标准可进入各银行的官网查看。例如工行，网上银行 5000 元以上的转账才开始收取手续费，而柜台办理转账时超过 2000 元就要收取手续费。

◆ **超级网银**：超级网银在中国被称为"第二代支付系统"，利用超级网银转账，手续费比普通网银或柜台转账要划算。例如，中行网银跨行转账收费分为两部分，一部分为 0.5 元／笔固定手续费，另外一部分按转账金额的大小而定，转账金额为 1 万元以下、1 万～10 万元、10 万～50 万元和 50 万～100 万元手续费分别为 5 元、10 元、15 元和 20 元，转账金额在 100 万元以上按 0.02% 收费，最高不超过 200 元，如果使用中行超级网银跨行转账 1 万元，收费为 5.5 元。

◆ **信用卡免费提现功能**：以工行为例，持卡人在发卡地区以外的城市向本人信用卡办理柜面存款或转账业务时暂不收手续费，优惠期限截至 2016 年 8 月 31 日。所以自带免费提现功能的信用卡也可实现跨行异地转账免手续费。

◆ **特殊优惠**：银行不定期推出的优惠活动或者特殊卡种也可省下转账费用。一般来说，一些地方性银行发行的银行卡都有异地转账免手续费的优惠。

◆ **货币基金 T+0 通道**：华夏活期通和广发钱袋子等货币基金 T+0 可以实现借记卡跨行跨区域互转，但在时间上还不能实现实时到账。

5. 云闪付，"嘀"的一声就完成支付

由于银行卡普及和现金携带的不便，越来越多的消费者选择刷卡支付。然而，一般刷卡支付不仅需要刷卡和输入密码，打单后还要消费者手写签字，在一定程度上延长了排队结账的时间。所以，能够实现"一挥即付"的云闪付应运而生。

■ 云闪付的使用

要实现云闪付，首先需要用户持有具备"闪付"功能的银联金融 IC 卡或 NFC 手机，并且还要绑定银行卡。而目前，支持云闪付的手机系统暂时只有安卓 4.4.2 以上的版本和苹果 9.2.1 以上的版本。

【提示注意】

NFC 手机是指带有 NFC 模块的手机，NFC（Near Field Communication 的缩写）是近距离无线通信技术。NFC 设备没电也能工作，而 NFC 识读设备从具备 TAG 能力的 NFC 手机中采集数据，然后将数据传送到应用处理系统进行处理。

用户在支持银联"闪付"的非接触式支付终端上，用挥动卡的方式，把卡或手机贴在 POS 机及其他具有银联"闪付"标识的机具上，听到"嘀"的一声即完成支付。操作方式类似于公交车刷卡，不用打开 APP，若是手机支付，手机也不需要联网，用户更不用输入密码或签名。

由于不联网就可以使用云闪付，所以在一定程度上为用户节省了数据流量费，并且还方便了支付过程。其实很多银行为了鼓励用户使用云闪付，都会在用户申办了云闪付卡以后给予一些赠品、代金券或其他优惠。

■ 存在的风险与防范措施

云闪付并不属于第三方支付，而是直接通过银联通道从客户的银行卡中扣款。虽然看似资金安全存在问题，但实际上，云闪付凭借创新技术，使用动态密钥和云端验证等多重安全保障，支付时不显示真实银行卡号，能有效保护持卡人隐私及敏感信息，资金流动更安全。

虽然是这样，但因为闪付卡的这种便利性，所以也存在着一些外部隐患。比如像 POS 机这样的工具可瞬间读取卡内的身份证信息，而且读取范围在 5 厘米内，所以钱包放在兜里也会读取到卡的信息。为了保证账户资金安全，我们要采取怎样的防范措施呢？

有条件的人可以购买一个具有防电磁功能的钱包或者卡套，它们具有隔绝信号的功能，银行卡不仅可以免于消磁，也可以挡住读卡器发射的信号。但是一般这样的钱包几乎都在百元以上，硬质材料，所以用户要根据自己的情况决定是否购买。而卡套外表一般是普通的硬纸壳，但在内侧贴了一层很薄的锡纸，把卡放在里面，不论读卡器距离闪付卡有多近，都读不出卡里的信息。

另一种比较简单且实惠的方法就是在钱包的夹层内放上一层薄薄的锡纸，同样可以起到隔绝信号的作用。

6. 借记卡倒卖，莫名其妙背黑锅

其实现实生活中大家说的都是倒卖银行卡，由于信用卡的使用规则等原因，犯罪分子不容易买到信用卡，所以被倒卖的一般都是借记卡。有些借记卡持卡人认为自己卡中没有存钱了，而且以后也不使用，所以就直接将卡扔掉或者随随便便放在什么地方。犯罪分子通过一定的手段获得这些银行卡后，通常会用在下面 5 个方面。

骗财。犯罪分子利用得来的借记卡获得原持卡人的信息，然后发一些短信、QQ 消息或微信消息给原持卡人的家人或朋友，冒充原持卡人骗取他人钱财。

洗钱。很多企业或者大 BOSS 进行违规或违法的操作，比如匿名接管汇款、转账、消费和送礼等，就需要用到不是自己信息的银行卡，以此来逃避相关部门的查抄。而洗钱者将违规资金存入金融机构后，可通过得来的卡进行网上银行、电话银行甚至 ATM 存取款等操作，在多个银行卡之间多次跨行转账，使相关机构难以追查资金的真正来历。

逃税。有些私人企业先买进大量银行卡，然后通过银行的人为发放系统给这些卡人为发放资金，比如以劳务费为名的资金，然后再迅速取出，从而在账目上虚构了大量的本钱，实现逃税的目的。

躲避业务查抄。犯罪分子用得来的银行卡开立股票账户，然后开展黑幕生意业务，这样就能回避证监会的监管和调查。

网店刷信用。在淘宝网等网络购物平台上，新店需要在短时间内建立良好的店铺信誉，而最简单的做法就是"刷信用"。帮店主刷信用的人（信用炒家）需要以大量差异身份证开立的银行卡购置店铺中的商品，这样可以逃避网站的监控。

由于银行卡没有注销，所以银行卡的登记记录里仍然是原持卡人的信息，这样原持卡人很容易遭受损失甚至背上犯罪的黑锅。

如果银行卡被人利用来进行洗钱、逃税或者躲避黑幕生意的业务，那么一旦出事，原持卡人就很容易被相关机构约谈，逃税的可能会要求原持卡人补缴税费，而洗钱等犯罪行为就很有可能让原持卡人陷入法律案件。

另一方面，如果原持卡人及时发现了自己的银行卡被盗或者遗失，然后及时将其注销，这样就会给倒卖银行卡的犯罪分子以沉重的打击。比如犯罪分子利用倒卖的银行卡进行黑幕生意业务时，若原持卡人及时发现银行卡有异常并及时注销，那么犯罪分子放在股票账户里的资金就难以取出。

为了从源头上降低原持卡人遭受经济损失或名誉危机的可能性，还需要原持卡人本人注意保管好自己的银行卡，如果不想再使用某张银行卡了，最好到银行将其注销掉。

3.3 信用卡刷卡心得

> 借记卡的使用，重心是在方便工作和生活，其实从省钱的角度来看，借记卡的省钱功能并不强大。相比较而言，信用卡的省钱招数会更多。这一节就来详细学学信用卡的一些刷卡技巧。

1. 信用卡额度怎样才合适

用户在使用信用卡之前，首先还是要了解自己手中的信用卡额度是多少，因为信用卡额度关系着持卡人的征信问题，而征信问题又关系着持卡人现在或以后的贷款资格。那么对于普通家庭来说，信用卡额度为多少才合适呢？

信用卡的额度并非越高越好，因为高额度的信用卡会带来更高的风险。一旦信用卡丢失被盗刷，原持卡人可能遭受非常大的损失，而且过高的信用卡额度很可能会影响持卡人的消费习惯，使持卡人过度消费而产生还款危机。

对于社会上的工作人员来说，如果自己的月可支配收入（当月所有收入中扣除必须支出的资金外的可自由支配的收入）经常变动，具有不确定性，那么信用卡的总额度最好不要超过个人月收入的 5 倍。

根据大多数人使用信用卡的经验来看，可以得出以下公式来确定持卡人自己的信用卡额度。

个人信用卡总额度＝月可支配收入／最低还款比例

例如，一般信用卡的最低还款比例为 10%，如果一位持卡人的月收入为 7000 元，每月可支配的收入为 4000 元，那么适合该持卡人的信用卡额度为 40000 元。

总之，信用卡额度既不能太低，同时也不能太高，太低可能满足不了个人日常消费需求，太高容易滋生盲目消费的坏习惯，更严重的就是造成还款危机。信用卡的额度以"够用就好"为原则，切记不要盲目提升信用卡的信用额度。

2．"超长免息期"你算对了吗

用过信用卡的人都知道，信用卡的免息期最高为 56 天，也就是在这一时间段里，信用卡持卡人消费的金额可以享受免息待遇。而所谓的超长免息期一般都是一些理财产品或理财手段的免息期与信用卡的免息期进行叠加的效果。

京东白条是京东推出的一种"先消费后付款"的支付方式，在京东网站上使用白条付款，可以享受最长 30 天的延后付款期，这一时期就为免息期。那么如何让京东白条的免息期和信用卡的免息期进行叠加使用呢？下面介绍具体的例子来教大家怎样算超长免息期。

夏天到了，徐女士一家想要购买一台冰箱，在京东上看好了一台价值 5000 元的冰箱，但是最近两个月家里的生活费用紧张，这让徐女士犯了愁。徐女士的丈夫建议徐女士先用信用卡把冰箱买了，后面再想办法还款。徐女士向丈夫说明了信用卡的最长免息期 56 天也不够家里周转资金。

于是徐女士的丈夫就问徐女士之前有没有申请京东白条，这时徐女士恍然大悟，想起了京东白条付款也能享受免息期的事情。夫妻俩随即果断决定在京东上购买冰箱。

两人先是查看了自家信用卡的账单日为每月的 3 日，这里将免息期设定为最长的 56 天。那么可以选择 6 月 5 日在京东上使用京东白条购买冰箱，经过 30 天的京东白条免息期后，王女士一家需要在 7 月 4 日前偿还这笔消费，此时王女士一家可以在 7 月 4 日这一天使用自己账单日为 3 日的信用卡来支付京东白条。由于此时已经过了信用卡 7 月的账单日，所以这笔 5000 元的消费就不会出现在 7 月份的账单里，而是出现在 8 月份的账单中，王女士一家只需要在 8 月 28 日这天偿还 5000 元的消费就不需要支付任何费用和利息。

由上述例子可知，要想享受到超长免息期，就要让京东白条的最后还款日在信用卡账单日的后一天，比如信用卡账单日为 2 日，则京东白条最后还款日为 3 日；若账单日为 3 日，则京东白条最后还款日为 4 日，以此类推。

确定好京东白条的最后还款日后，就要往前推算 30 天作为消费日，比如京东白条的最后还款日为 9 月 8 日，那么就要在 8 月 9 日购买商品。

其实王女士一家除了可以利用享受免息期来节省购物成本外，还能在家里有钱买冰箱的情况下，将这笔钱存入余额宝或者购买其他高收益的理财产品。这样不仅节省了信用卡和京东白条的还款利息，还能同时享受到投资收益，一举两得。

3. 汇率高于"数钱费"，选择 VISA 旅游

持卡人在境外刷 VISA 卡，会支付一定的"数钱费"，也就是货币转换费。而在境外刷银联卡是不需要支付"数钱费"的，这样就导致很多人认为在境外刷银联卡比刷 VISA 卡更划算。

其实不然，在境外刷信用卡，并不仅仅只涉及"数钱费"，交易和记

账的币种、不同的汇率牌价及货币市场走势等也会影响刷卡交易的最终支付价格。

在境外刷过信用卡的用户应该都知道，选择使用 VISA 卡还是银联卡之前，首先需要选择是用外币交易还是本币交易。对于持有中国信用卡的人来说，选择用本币交易就是用人民币支付，而选择外币交易就是用境外当地货币支付，比如在英国用英镑支付，在美国用美元支付等。

而现实是，人民币的流通性相对于美元、英镑、欧元和日元等较差，中国消费者在境外使用人民币支付的可能性很低。这样一来就要考虑是刷 VISA 卡还是刷银联卡。

如果选择本币交易，虽然省去了选 VISA 卡还是银联卡的烦恼（本币交易不需要再经过 VISA 或银联的结算通道，只需直接换算人民币即可），但本币交易也和外币交易一样，存在着货币转换的汇率问题，而这个汇率往往由商家和收单机构来定，商家会按各自的汇率将当地货币折算成人民币价格来进行刷卡。

根据具体操作过的人士透露，使用本币交易时，商家或收单机构的汇率往往比银行或银行卡组织的汇率差很多，可能达到 5%。这与 VISA 卡收取 1%~2% 的货币转换费（数钱费）高很多。所以，在这种情况下，持卡人选择 VISA 卡在境外旅游和购物等消费比较划算。

当然，这还要考虑实际情况，如果汇率低于"数钱费"，那么持卡人选择本币交易会比较划算，具体看汇率与"数钱费"的高低。

4. 用万达飞凡卡线下消费

2016 年 6 月，在香港亚洲金融论坛上，万达集团总裁高挑披露了万达集团未来的金融帝国梦，打算将万达的线下资源与商业平台转化为金融产品。

在万达网络金融架构里，包括大数据应用、征信、网络信贷、移动支付和飞凡卡五大块。其中，万达集团总裁对飞凡卡的期许最高。这张卡集应用、优惠、积分、汇兑、信用卡和理财等综合功能于一身，是一张全功能一卡通。

飞凡卡不仅是个电子会员卡，还是实体卡，是万达电商向会员提供的实体会员卡，采用 M1 芯片、磁条、二维码和卡号 4 种识别方式，具有会员身份识别、积分和在线支付等功能。看上去，它是万达广场原来会员卡"万汇卡"的升级版，可以在万达广场或合作商业中心，使用所有应用服务，享受商家统一的折扣优惠。

在线上，飞凡卡接入万达收购的快钱支付，具有了在线支付功能。本质上飞凡更像淘宝，快钱钱包更像支付宝，双方会有交集，但重心不太一样。一个侧重场景购买，一个侧重消费支付和信贷。那么使用飞凡卡可以有哪些省钱之道呢？

◆ 用飞凡卡乘坐地铁或公交时，可享受优惠，与现在的公交卡一样，乘客实际支付的金额是票价的 9 折。

◆ 据万达集团总裁透露，飞凡与中国的一个超级金融巨头达成了合作协议，该金融机构统一把信用卡的功能叠加到飞凡卡上，由此，飞凡卡便具有了信用卡的功能。因此，持有飞凡卡的人在线下消费时可以先刷卡再还款。

◆ 飞凡卡将做到所有积分可以跨界互换。比如用飞凡卡乘坐飞机获得的积分可以换成消费积分。持卡人利用换来的消费积分可在线下或线上消费时进行抵扣或折扣。

5．酒后代驾用积分

酒后代驾就是指由一名专业的司机代替喝醉的人驾驶，将喝了酒的人连人带车送回家。而农业银行的悠然白金卡与交行白金信用卡都有积分换取酒后代驾的专属服务。

交行的白金卡可以用积分兑换 6 次酒后代驾，据市场行情，一次代驾的费用在几十元到一百多元不等，对于经常应酬的人来说，积分换代驾很划算。

龙湾农商银行也推出了"喝酒找代驾，积分能买单"的活动，该行的客户持 VIP 卡积分兑换等值代驾券后，获得代驾码，在代驾服务完成后出示代驾码，交由代驾司机完成扫码即可。

【提示注意】

代驾券有效期最长为 3 个月，如果龙湾农商银行的客户在兑换代价券后未使用，到期系统将自动返充积分，这样客户并不会有什么损失。VIP 卡可每周兑换一次，钻石卡 / 白金卡，每周可兑换两次。

农行悠然白金卡在代驾服务方面，任意连续 3 个月每月有消费，且累计有效消费满 5000 元，持卡人即可用 666 积分兑换一年期酒后代驾服务，全年 5 次，但仅限前 3 万名客户，该服务全国有 40 多个城市通用，限持卡人本人使用。

农行旗下的金穗尊然白金贷记卡也有积分换代驾的服务，每季度消费有效积分 5000（含）~10000 分赠送下一季度一次（每次 20 公里以内）的酒后代驾服务；有效积分 10000（含）~20000 分赠送下一季度两次（每次 20 公里以内）的酒后代驾服务；有效积分 20000 分（含）以上赠送下一季度三次（每次 20 公里以内）的酒后代驾服务。

农行旗下还有一种卡可以享受积分还代驾服务——金穗温州商人卡金卡。该卡每季度消费有效积分50000分（含）以上赠送下一季度3次（每次10公里以内）的酒后代驾服务。这些卡的代驾车型仅限9座和9座以下的小型轿车，且代驾服务有效期为3个月，期满后未使用的将不能再使用已经兑换好的代驾服务。

6. 建行信用卡，每周一次免费洗车

现在很多家庭虽然买了私家车，但是我们却经常能听到别人说"买得起车，养不起车"。而日常生活中对汽车的保养最常见的就是清洗，但现在去很多洗车店或者4S店洗车都挺贵的。如果不定期洗车，开车出门也丢脸，而且车也容易陈旧，该怎么办呢？

用过建行信用卡的人应该或多或少知道建行的汽车卡，这种卡为有车的车主提供定期清洗汽车的服务。这一"定期"就是每周一次免费洗车。下面以建设银行为例，看看如何查询免费洗车服务的内容。

Step01　进入建行信用卡网站（http://creditcard.ccb.com/cn/creditcard/index.html），浏览信用卡中心首页，找到一张正面带有"AUTO"标识的黑色信用卡，这张卡叫作"龙卡信用卡"，单击该信用卡图标。

Step02 在打开的页面中单击“优惠洗车服务”选项卡。

Step03 在打开的页面中即可查看该信用卡的权益内容、洗车条件、服务流程及关于该服务的温馨提示。

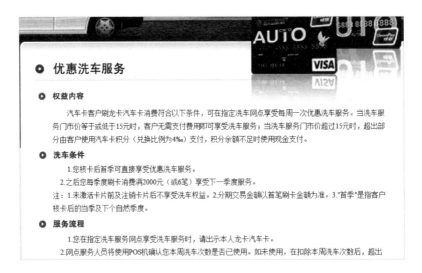

7. 交行信用卡，周五加油乐享 5% 刷卡金

在中国，汽车油费一直令很多有车一族的人感到头疼，曾有一段时间油价蹭蹭往上涨，很多车主都在说买得起车却开不起车。为了解决车主们

的烦恼，交行信用卡中心推出了一个"周五加油乐享 5% 刷卡金"的活动。

活动时间为 2016 年 1 月 1 日至 2016 年 12 月 31 日，活动对象是交通银行信用卡持卡人，但仅持有分期信用卡或 Boss 卡的持卡人不在活动对象的范围之内。那么该活动具体有哪些内容呢？

■ 积分消费达标，获得参加活动的资格

持卡人上月在活动加油站处刷交行信用卡，积分消费满人民币 2500 元可获得参加本月刷卡金活动奖励资格。例如 2016 年 1 月在活动加油站有积分消费达人民币 2500 元，2016 年 2 月即可获得参加本月刷卡金活动奖励资格。

■ 获赠的刷卡金额有限制

每位持卡人每周五参加"最红星期五加油活动"获赠刷卡金的金额不超过人民币 25 元，每月获赠刷卡金总金额累计不超过人民币 100 元。任一交通银行信用卡主卡与其附属卡所获得的刷卡金奖励金额合并计算。

■ 白金信用卡持卡人参加活动的优势

白金信用卡持卡人参加本活动无须满足上月在活动加油站刷行信用卡有积分消费满人民币 2500 元的要求。

■ 白金信用卡享受更多刷卡金奖励

使用白金信用卡在指定加油站点内消费且满足活动其他参与条件的，可享交易金额 10% 的刷卡金奖励。

■ 白金信用卡获得刷卡金奖励的限制

白金信用卡持卡人每周五参加最红星期五加油活动获赠刷卡金金额不超过人民币 50 元，每月获赠刷卡金总额累计不超过人民币 100 元。

■ 白金信用卡的衍生好处

白金信用卡持卡人使用名下指定联名信用卡参加本活动的，可享交易金额 5% 的刷卡金奖励，并适用于指定联名信用卡的特别规定。

■ 交行信用卡的新客户新规则

2016 年 1 月 1 日起核卡的交行信用卡新客户（首次持有交通银行信用卡、曾持有但已销户超过 6 个月或仅持有交行信用卡附属卡的客户），自核卡日当月起的 4 个自然月内，注册活动后无须满足上月在活动加油站刷交行信用卡有积分消费满人民币 2500 元的消费条件，即可获得参加本月刷卡金活动奖励资格。

■ 新客户的核卡日期和刷卡金奖励

新客户的核卡日期以首次随卡寄送的信用卡卡函中注明的核卡日期为准，可享交易金额 10% 刷卡金奖励。

■ 持卡人被取消刷卡金奖励资格的情况

如果持卡人发生任何虚假、欺诈、用于经营性目的或恶意分单等违法或不正常交易，或持卡人存在任何违反《交通银行太平洋个人信用卡领用合约》约定的行为，或持卡人账户发生逾期、冻结及销卡等非正常状态，或持卡人在出现疑似不正常交易但拒绝配合银行进行调查的，或符合本活动条件的交易最终被撤销或退货的，则交通银行保留对相关交易进行调查核实、拒绝该持卡人参加本活动、取消其获赠任何奖励及在无法退还奖励时在持卡人账户中记入相关奖励的现金价值的权利。

■ 不可抗力原因导致不能享受刷卡金奖励的情况

指定加油站点以交通银行信用卡网站公布为准，活动期间由于商家地址变更、工程装修、停业整顿或自然灾害等不可抗力原因导致门店未能正常营业的情况与交通银行无关，持卡人在参加活动前要向商家咨询确认。

■ 活动细则问题

各城市参与活动加油站、活动时间及活动具体条款细则以交通银行信用卡网站公布为准。

■ 活动内容的变动

交通银行可能会在中国法律法规允许的范围内修改本活动条款及细则（包括但不限于延迟或提前终止本活动及更换同等价值礼品等），并于交通银行信用卡网站或其他相关渠道公告后生效，所以持卡人要时刻留意这项活动的进程。

8. 躲过了口头欺诈却躲不过假卡骗局

目前互联网上代办信用卡的广告满天飞，很多打算办信用卡的人都轻易相信办"高信用额度"信用卡的说法，比如只需提供身份证号和手机号，无须任何证明就可以办理额度高达 30 万元的信用卡。

以前的不法中介只是对办卡申请人提供的资料进行造假。申请人提供身份证明后，不法中介会为申请人制作全套假资料，包括工作证明、房产证明和收入证明等，在申请人按照指定方式填写完申请表后，由不法中介代申请人向银行递交。这种方式多以同时办理多张卡的形式收取办卡手续费，不管申请是否能获得银行批核，费用均不退还。

随着人们在办卡过程中吸取的经验和教训的增加，不法中介对申请人采取的资料造假骗术已不能诓骗申请人，于是不法中介开始了后续步骤的口头欺诈。在申请人交了一定比例的申请额度资金后，中介就口头称已由专人将信用卡送去给申请人，但送到手之前需要申请人交一定的保证金，有时为了得到申请人的信任，还会假意称该笔保证金会如数返还给申请人。但是当申请人将所有费用都支付给中介后，所谓的信用卡却迟迟未到，而中介随即便失联，令申请人遭受巨大损失。

不法中介的骗术在提高，申请人的防范意识也在增强，所以很多不法中介不能再给申请人"开空头支票"称已将信用卡送去给申请人，那么这些中介又采取怎样的招数呢？

假卡！这回不法中介确实将信用卡送到了申请人手中，这样申请人以为自己真的办好了一张信用卡，但是当用该卡消费时才发现卡不能用，是假的。这时，不法中介早已人去楼空，申请人只能自认倒霉，就算去报警或者走法律途径也不一定能追回款项。

所以，要办理信用卡的人，需要端正这种"只追求额度"的畸形信用卡额度观，不给不法分子可乘之机，要到正规的银行办理信用卡。

. PART.

京东理财
热火朝天

淘宝理财，
实力依旧

天天基金一
活期宝

其他网站
式理财

网络理财与生活

　　如今，互联网已成为老百姓消费、娱乐的重要平台，理财也同样在网络上蓬勃发展起来。网络理财既方便又快捷，对于家庭来说，网络理财是一种省钱和投资的有效手段，并且有多种理财方式供投资者选择。

4.1 京东理财热火朝天

> 京东从一个网上商城发展到现在，有了自己的金融（京东金融）、O2O及海外事业部等。而京东金融与家庭理财息息相关，家庭成员们在京东上购买商品，就可能享受到京东金融给家庭理财带来的好处。

1．京东小金库，消费同时也享收益

京东小金库与阿里巴巴推出的余额宝类似，用户把资金转入"小金库"后，就可以购买货币基金产品，同时"小金库"里的资金也可随时在京东商城购物消费。

小金库与鹏华增值宝货币基金和嘉实活钱包货币基金对接。小金库企业版向京东商城POP商户开放，解决短期闲置资金高效利用的问题。与小金库个人版一样，企业版也对接了鹏华增值宝货币基金和嘉实活钱包货币基金。小金库的起购门槛为0.1元，没有购买上限，赎回的时候支持T+1到账，没有限额限制。

与余额宝类似，京东用户把资金转入"小金库"后即可购买货币基金产品。那么关于小金库方面的问题有哪些呢？

■ 收益

转入小金库的资金实际上是购买了基金公司的货币基金，而货币基金的投资存在着一定的风险，所以并不能100%保证不亏本。如果小金库里的钱用掉一部分，那么用掉的那部分资金在转出或消费的当天及以后就不能再获取收益。小金库的收益计算公式如下所示。

（京东小金库里的资金 /10000）× 当天基金公司公布的每万份收益 ＝当天收益

每万份收益为波动值，基金公司每日对每万份收益进行公布，每日计算收益，且获得的收益自动作为本金，在第二天重新获得新的收益，类似于复利储蓄。

京东小金库中显示的是前一天的收益，用户转入小金库的资金在第二个工作日由基金公司确认份额，对已确认的份额开始计算收益，用户一般在份额确认后的第二天 15:00 以后可查看收益。如果用户在当天的 15:00 以后将资金转入小金库，那么资金份额的确认将顺延一个工作日，另外，双休日及国家法定假期，基金公司也不进行份额确认。

例如，用户在周四 15:00 之后转入资金到小金库，那么基金公司将在下周一完成份额确认；但如果用户在周四 15:00 前将资金放入小金库，那么基金公司在周五时就能对用户的资金进行份额确认。

转入京东小金库的金额最好在 100 元以上，因为如果当天的收益没有达到一分钱，系统可能不会分配收益，相应地就不会累积这种没达到一分钱的收益。

因为转入小金库的钱相当于购买了货币基金产品，根据《财政部国家税务总局关于证券投资基金税收问题的通知》，对投资者从基金分配中获得的股票股息、红利收入以及企业债券利息收入，由上市公司和发行债券的企业在向基金派发股息、红利或利息时，代扣代缴 20% 的个人所得税，而基金向个人投资者分配股息、红利和利息时不再代扣代缴个人所得税。

■ 转入

京东小金库转入支持用网银钱包（现更名为京东钱包）余额和储蓄卡

支付付款，转入时单笔金额需 ≥ 0.01 元（可为非正整数）。京东小金库目前还不支持信用卡网银方式转钱。

京东小金库的资金转入嘉实活钱包，单日、单笔限额为 500 万元，单日不限次数，每月没有最大额度限制；转入鹏华增值宝，单日、单笔没有限制，单日不限次数，每月没有最大额度限制。

每个用户同一时刻只能选择对接一只基金，当想将对接的基金更换为另一只时，用户需要先将小金库中的资金全部转出至京东钱包，然后再次将资金转入小金库，此时用户可自行选择另一只基金即可。需要注意的是，从原有基金转出到新基金期间，会有 3~7 天没有任何收益。

将资金转入小金库的操作类似于在支付宝中将资金转入余额宝，用户首先进入"京东小金库"页面，单击"转入"按钮，进入"转入京东小金库"页面，输入希望转入的金额，然后进入"京东钱包收银台"页面，选择京东钱包或其他支付方式，将资金转入小金库，完成支付流程，资金便能成功转入小金库。

■ 转出

京东小金库内的资金可转出至银行卡或京东钱包账户余额（实时到账），而小金库转出至银行卡分为快速转出和普通转出，快速转出是两小时到账，普通转出为 T+1 日 24 点前到账，且普通转出当日有收益。如表 4-1 所示是普通转出的款项到账时间表。

表 4-1　普通转出的款项到账时间

提出转出申请的时间	款项到账时间
周五 15:00 后至周一 15:00 前	周二 24:00 前
周一 15:00 后至周二 15:00 前	周三 24:00 前
周二 15:00 后至周三 15:00 前	周四 24:00 前

提出转出申请的时间	款项到账时间
周三 15:00 后至周四 15:00 前	周五 24:00 前
周四 15:00 后至周五 15:00 前	周一 24:00 前

以上时间均为交易日（不包括法定节假日和双休日），那么节假日和双休日对款项的到账时间有怎样的影响呢？以国庆节为例，若 9 月 30 日当天 15:00 前提交转出申请，则该笔款项赎回申请将于国庆节后的第一个交易日，即 10 月 8 日 24:00 前到账。在赎回份额确认前，节假日和双休日正常享有收益。

小金库转出至银行卡时，快速转出单笔限额为 5 万元，单日限额为 5 万元；普通转出单笔限额为 100 万元，单日没有次数限制。而小金库转出至京东钱包时，单笔限额为 5 万元，单日限定次数为 3 次，单日限额为 15 万元，每月最大额度限制为 100 万元。另外，京东钱包账户余额提现至银行卡，两小时到账，每日最多可操作 10 次。

京东小金库可以绑定多张银行卡，一般不会出现无法转出的问题，但如果出现了银行卡丢失或注销而无法转出的情况，用户需要联系客服 400-098-8511 处理。目前来看，小金库之间还不能转账。

将资金转出小金库，用户只需进入"京东小金库"页面，单击"转出"按钮，进入"转出京东小金库"页面，输入转出金额和支付密码，转出申请提交成功后等待需系统处理。

■ 安全

京东小金库被盗风险由华泰保险公司全额承保，京东官方也会严格遵守国家相关法律法规，对用户的隐私信息进行严格保护。京东采用了业界最先进的加密技术，用户的注册信息和账户收支信息等都会进行高强度的加密处理，不会被不法分子窃取到。另外，京东还设有严格的安全系统，未经允许的员工不可以获取到用户的相关信息。

■ 消费

京东的用户在京东上购买东西，在付款时可以选择京东小金库付款。虽然这部分用来消费的资金不再获取收益，但同时也不会影响小金库中剩余资金获取收益的情况。

2. 小白理财，一年四季"盈"不停

京东推出的小白理财属于保险理财的范畴，目前有 4 个种类，"天天盈""半年盈""9 月盈"以及"年年盈"，如图 4-1 所示。

图 4-1　小白理财的种类

从图中来看，小白理财的收益还不错。其购买平台目前只支持京东金融 PC 端（电脑端）、京东金融 APP 端（手机端）以及微信端。京东小白理财销售的都是低风险产品，根据以往的投资历史来看，收益稳定，没有出现过亏损的情况。但小白理财并不保证一定保本或盈利，也不保证最低收益，而且网站中显示的相关收益率均为历史数据，所以用户（投资者）在购买前要仔细阅读相关合同。

京东小白理财的门槛低，简单好用，投资者不需要掌握复杂的专业理财知识，其收益远高于银行的存款利息，相当于活期，随存随取，零手续费，同时，定期灵活多选，收益稳健，有很多期限供投资者选择。

小白理财中售卖的均为保险理财产品，所以根据法规政策要求，保险理财产品需要填写购买人信息。投资者购买成功后的第二个自然日开始产生收益。

天天盈产品在保单生效后可随时取出，定期产品也可以在到期前就取出，但会产生一定的手续费，且一般需要 3 个工作日才能到账。需要注意的是，小白理财的天天盈产品初次购买使用 A 银行卡，后期追加购买使用 B 银行卡，那么在转出时会将资金全部转出到 A 银行卡，其他产品目前遵循同卡进出原则。不同的产品支持的银行卡不同，投资者可以在支付或添加银行卡时查看支持的银行，具体以"京东钱包收银台"页面展示的为准。下面来看看如何购买京东小白理财天天盈。

Step01　进入"京东小白理财"页面（http://xiaobai.jr.jd.com/xiaobai/main.htm），单击"天天盈"选项中的"转入"按钮。

Step02　在打开的页面中输入投资金额，填写购买人姓名、身份证号、手

机号、居住地址和邮箱地址，选择风险承受能力，如"保守型"，默认已
阅读相关协议，单击"确认协议并购买"按钮。

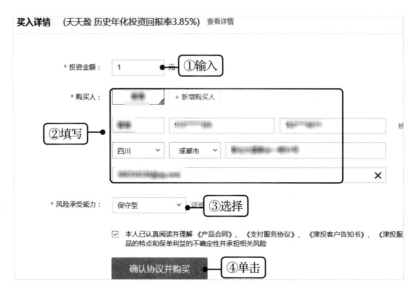

Step03 在新页面中选中"银行卡"复选框，单击"立即支付"按钮。

Step04 之后输入支付密码和短信验证码即可完成小白理财天天盈的购买
操作。

3．京东白拿，先消费再还款

所谓的京东白拿是指价格在 79~7460 元的任意京东自营商品，均可在用户购买理财产品后立即获得，一年以后，用户可以免费取回全部投资资金及收益。

白拿商品和普通购买商品一样，可以开具发票，享有与正常购买的商品一样的各项服务，白拿仅仅是新的支付方式。用户在白拿商品且支付成功后，可在京东首页"我的订单"中查看商品订单详情和物流状态。

白拿商品退货或者取消订单时，用户的理财资金不会自动退回，经过京东官方审核通过后，会将商品等值货款退回到用户购买理财产品时的原支付卡中。此时如果用户不赎回理财资金，则理财产品在最低持有期满后，可以赎回投资金额和额外收益；但如果在商品退货或取消订单时一并赎回投资资金或者在其他时间提前赎回投资资金，那么京东官方会收取一定的手续费。

用户在赎回理财资金时，可以访问京东商城首页，接着进入"金融"页面，选择"我的资产"选项，接着选择"我的理财"选项，在"已持有"栏中找到需要赎回的那笔理财资金，单击"转出"按钮，然后根据提示操作完成赎回即可。下面来看看如何使用京东白拿服务，具体操作步骤如下。

Step01 先登录京东账号，然后进入"京东白拿"页面（http://baina.jd.com/），在搜索框中输入想要白拿的商品名称，这里输入"冰箱"，单击"立即白拿"按钮。

Step02 在搜索结果页面可以看到很多白拿冰箱的商品，选择自己想要白拿的一款商品，单击其信息下方的"立即白拿"按钮。

Step03 在打开的页面中可以选择白拿商品的款式，系统默认白拿方式和用户需要投资的金额，用户只需确认这些信息，然后决定是否"白拿"该商品，若决定"白拿"，则单击"立即白拿"按钮。

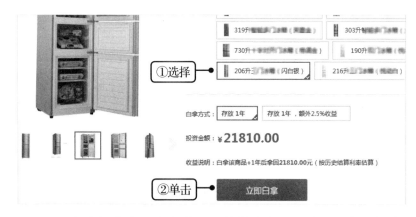

Step04 之后完成投资金额的支付即可获得该商品，并且一年后投资者将获得本金和一定的收益。

4．预约票据理财的资金如何解冻

预约票据理财的资金解冻，实际上就是取消预约操作，预约取消后，相应的投资资金将从账户中解冻。下面来看看如何在京东金融中取消预约票据理财。

Step01 进入"京东金融"页面(http://jr.jd.com/),将鼠标光标移动到"我的资产"选项卡处,选择"我的交易单"选项。

Step02 在"我的交易单"列表中即可查看到用户自己的交易情况,在该页面可以取消相应的票据理财产品预约。

需要用户注意的是,想要在京东上预约票据理财,首先需要开通京东小金库,一般注册了京东账号的用户无须再重新开通小金库,用京东账号就可以登录小金库。若在进行票据理财时,系统提示用户先开通小金库,那么说明小金库还没有绑定银行卡,此时用户需要绑定银行卡后才能继续进行票据理财。

4.2 淘宝理财，实力依旧

> 比起京东金融，淘宝理财先进入人们的视线，最受大家欢迎的就是余额宝。淘宝理财之所以实力强大，不仅是余额宝的支撑，还有一些其他的淘宝理财方法，比如蚂蚁花呗、阿里旅行及娱乐宝等。

1. 用蚂蚁花呗"打劫"好货

蚂蚁花呗是蚂蚁金服推出的一款消费信贷产品，申请开通后，将获得500~50000元不等的消费额度。用户在消费时，可以预支蚂蚁花呗的额度，享受"先消费，后付款"的购物体验，功能类似于信用卡。

目前，蚂蚁花呗除了淘宝和天猫的购物场景外，还接入了40多家外部消费平台，如亚马逊、苏宁、口碑、美团、大众点评、乐视、海尔、小米、OPPO及海外购物的部分网站。那么用户怎么用蚂蚁花呗"打劫"好货，从而买到物美价廉的东西呢？具体操作如下。

Step01 进入支付宝登录页面（https://www.alipay.com/），登录个人支付宝，在"我的支付宝"页面的"蚂蚁花呗"栏中单击"查看"按钮。

Step02 在打开的页面中可以查看用户自己的蚂蚁花呗的可用额度和还款

日，单击"点此打劫"按钮。

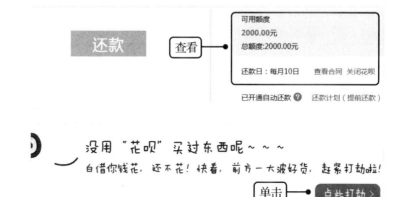

Step03 在新页面中选择想要购买的商品，可以看到商品分为花呗价和一般价格，单击"立即抢购"按钮，在打开的页面中选择商品的颜色和数量，单击"立即购买"按钮。

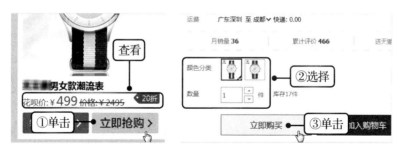

Step04 在"提交订单"页面确认订单信息，确认无误后单击"提交订单"按钮。

Step05 在"我的收银台"页面确认付款金额，选中"蚂蚁花呗"单选按钮，

输入支付密码，单击"确认付款"按钮即可完成蚂蚁花呗商品购买操作。

用户不仅可以在电脑端使用蚂蚁花呗抢好货，也可以在手机淘宝客户端使用蚂蚁花呗淘好货。

2．淘金币购物省钱法

在淘宝网上购物，很多商铺都支持用淘金币抵扣一定的购物金额，虽然很多人都认为节省的那点钱太少，但对于家庭来说，节约一点是一点，日积月累，节省下来的钱也是一笔不小的资金。下面来看看如何花淘金币为购物省钱。

Step01 用户选择要购买的商品，查看商品是否可以用淘金币抵扣，选择商品颜色和数量，单击"立即购买"按钮。

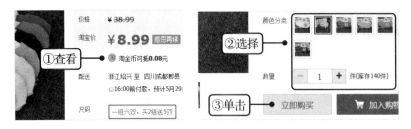

Step02 在"提交订单"页面中，选中"使用8淘金币抵扣0.08元"复选框（100个淘金币至少抵扣1元，而不同商品或者不同店铺抵扣淘金币的

上限可能会不同），单击"提交订单"按钮，接着完成支付即可。

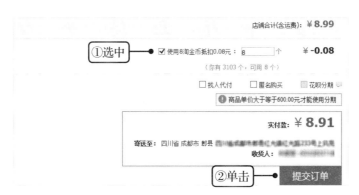

淘金币除了可以用来抵扣商品金额外，还能用来抽奖、秒杀及兑换超级物品等。其中 68 金币可以抽大额支付宝红包，活动中有现金红包秒杀和超值商品秒杀，另外，金币可以兑换电子书、线上课程、航旅优惠券及网页游戏免费玩等权益，还可以用在话费充值或游戏充值时进行抵扣，不仅如此，还能兑换三大运营商（移动、联通和电信）的上网时长。

用户每天不仅可以登录电脑端淘宝领取淘金币，还能同时登录手机淘宝领取淘金币，即用户每天可以领两次淘金币。

淘宝用户需要注意的是，淘宝账户中的淘金币会有一定的有效期限，一般为一年，每年的 6 月 30 日和 12 月 31 日为统一的过期日，如客户获取的时间为 2015 年 6 月 30 日之前，则过期时间为 2016 年 6 月 30 日；若获取时间为 2015 年 6 月 30 日之后，12 月 31 日之前，则过期时间为 2016 年 12 月 31 日。而用户在使用淘金币抽奖时，会先用掉快过期的淘金币，因此为了不浪费淘金币，用户可以用淘金币抽奖花掉快过期的淘金币。

【提示注意】

除了使用淘金币购物省钱外，用户还可以使用手机购买商品，因为很多淘宝商家会给出手机专享价，比电脑端购买商品划算很多，有时甚至有上百元的差距。

3．阿里旅行里程减票价

淘宝有一项功能叫"阿里旅行"，在这里，用户可以订购机票、火车票、门票以及酒店客栈等。阿里旅行可以算是爱旅游的人的一种福音，因为用户可以赚取里程，在购买国内机票（往返机票除外）、酒店、客栈、门票及度假旅游商品时，淘里程可在交易过程中直接抵用现金。另外购买机票赠送的淘里程，还可以再次计入该航空公司里程累积。目前，淘里程的抵现标准是怎样的呢？如图 4-2 所示。

淘里程数	抵现价值
2000	20
4000	40
8000	100
12000	200
20000	500

图 4-2 淘里程抵现标准

◆ "淘里程抵现"暂时仅能用于在阿里旅行平台购买商品时使用，无线端淘里程抵现暂时仅支持机票和酒店预付类商品。

◆ 每笔订单仅限使用一次淘里程抵现，抵扣的现金不能用于支付机场建设费、燃油费、快递费及保险费。

◆ 购买国内机票时，"淘里程抵现"仅限提交了会员奖励信息的人购买其本人作为乘机人的机票使用，他人暂不能使用。

◆ 用户在使用里程时，优先消耗旧里程。

◆ 如果使用"淘里程抵现"的机票发生退票，已发放的淘里程将被回收，用于抵现的淘里程将退回到用户的账户中，而线下退票的则不能返还淘里程。

◆ 若使用"淘里程抵现"的非机票订单在确认收货前发生退款，用于抵现的淘里程在退款成功后会退回到账户；若是在确认收货后发生售后退款，那么用户要致电阿里旅行 24 小时客服电话 400-1699-688，通知客服人员退回符合条件的淘里程。

◆ 每个淘宝账号每个自然年最多允许抵现 80000 淘里程。

对于淘里程抵现的规则还有很多，用户有需要或者想要更深入了解的话，可以在"我的旅行 / 里程计划奖励"中查看。下面来看看如何领里程并用里程抵现。

Step01 用户登录自己的淘宝账号，在淘宝网首页选择"阿里旅行"选项。

Step02 在"阿里旅行"页面选择"我的旅行"选项。

Step03 在"星级俱乐部"选项卡下，单击"签到 +1"按钮领取里程。

Step04 返回到"阿里旅行"页面，选择"国内机票"选项，选中"单程"单选按钮（有时系统默认为"单程"），设置出发城市、到达城市和出发日期，单击"搜索"按钮。

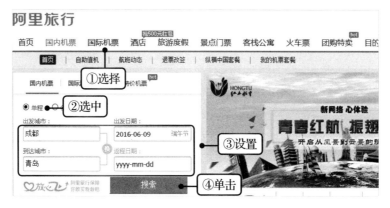

Step05 在搜索结果页面中选择航班，单击其右侧的"订票"按钮。

Step06 在新页面中填写乘机人基本信息、联系人基本信息和保险报销凭证等内容（该步骤中，若该航班能用淘里程抵现，用户只需选择"淘里程抵现"选项即可），然后单击"下一步 确认订单"按钮。

4 ．存金宝如何"金生金"

存金宝是蚂蚁金服旗下支付宝公司与博时基金共同打造的黄金存取服务，用户买入存金宝即购买了由博时基金直销的博时黄金 ETF 的 I 类份额。而博时黄金 ETF 基金是一款投资现货黄金的 ETF 基金，为用户提供 1 元起买、买卖均 0 手续费的便捷服务，还给黄金持有者提供"买黄金生黄金"的权益。

存金宝仅支持用余额宝或借记卡快捷（含卡通）支付，余额宝没有支付限额，每个银行的借记卡快捷支付会有不同，具体以支付宝收银台的提示为准。另外，存金宝仅支持个人账户买卖，不支持企业账户购买。

存金宝 1 元起买，上限为 100 万元，买入的次数没有限制；卖出存金宝时，0.0001 克起卖，上限为持有量，卖出次数限制为每个交易日的小额卖出（克数为 0.1 克以下的卖出行为）最多 10 次，非小额卖出无次数限制。存金宝的交易日（T 日）是指周一到周五的非法定节假日。

T 日 15:00 前买入存金宝，按 T 日存金宝收盘金价成交，T+1 日确认买入黄金量；T 日 15:00 后买入，按 T+1 日存金宝收盘金价成交，T+2 日确认买入黄金量。

T 日 15:00 前卖出，按 T 日存金宝收盘金价成交，T+2 日将资金划拨到余额宝或支付宝余额中；T 日 15:00 后卖出，按 T+1 日存金宝收盘金价成交，T+3 日将资金划拨到余额宝或支付宝余额中。

存金宝"金生金"即"买黄金生黄金"，博时黄金 ETF 主要投资于黄金交易所的黄金现货合约等品种，其中投资于黄金现货合约的比例不低于基金资产净值的 90% 时，还可从事黄金现货租赁等业务，同时博时基金会把通过此租赁等方式获得的收益不定期分红给投资者（存金宝购买者），使得存金宝成为一种可以"生金"的黄金资产。例如，淘宝用户买入存金宝的 1 克黄金，一年后，可能就有 1.032 克黄金。

存金宝在 T 日对 T − 1 日 15 点前买入的黄金进行分红，而对 T − 1 日 15 点后卖出的黄金没有分红。那么具体哪些情况没有分红呢？

◆ 非交易日。

◆ 没有达到分红条件的。

◆ 持有黄金太少（分红信息达到 0.0001 克以上才会展示，如果遇到持有克数过低以致分红不足 0.0001 克的用户不进行分红，但会累积直至达到 0.0001 克时再分红）。

存金宝会在每个交易日（T 日）更新分红信息，但不是每个交易日都有分红；分红数量会在每个 T 日 0:00 在存金宝资产页中更新昨日分红和累计分红的信息。下面就来了解在支付宝中购买存金宝的操作。

Step01 用户登录自己的支付宝账户，若是支付宝旧版本，则需要在支付宝页面单击"账户资产"选项卡，进入支付宝新版本（若进入的是新版本则没有该步骤）。

Step02 单击"财富中心"选项卡,在弹出的下拉列表中选择"存金宝"选项。

Step03 在打开的页面中可以查看到当前的黄金价格(该价格处于变动当中),单击"立刻买入"按钮。

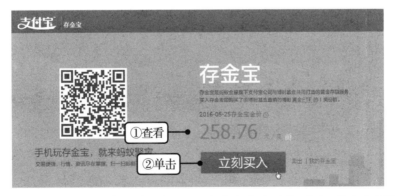

Step04 在打开的页面中系统将提示用户进行投资风格测试,单击"开始吧"按钮,依次完成测试题目后单击"提交"按钮。

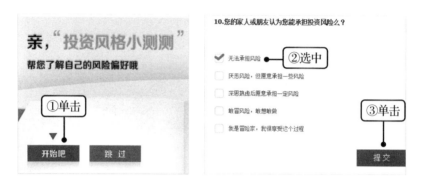

Step05 测出自己的投资风格后，单击"立即购买"按钮。

Step06 在打开的页面中输入买入金额，如"500"，系统将自动预估买入克数，并默认选中"我确定购买超出风险偏好的产品"复选框，单击"同意并确定付款"按钮，最后完成款项支付即可成功购入存金宝。

5. 招财宝定期理财产品随时赎回，收益不变

招财宝是开放的金融信息服务平台，为用户提供灵活的定期理财信息

服务，招财宝平台的主要投资品种是中小企业和个人通过招财宝平台发布的借款产品，这些产品由金融机构或担保公司等作为增信机构提供本息兑付增信措施，所以是比较安全的。而购买招财宝的步骤也比较简单，与存金宝的购买流程相似，具体内容如下。

◆ **第一步**：先进入招财宝，选择要购买的产品，单击"购买"按钮。在这一过程中，招财宝产品仅支持余额宝用户，所以用户在进行招财宝投资前，先要确定已经开通了余额宝。

◆ **第二步**：在相关产品的购买页面输入购买金额，单击"确认付款"按钮后在"支付宝收银台"完成支付。

◆ **第三步**：购买成功后，用户可以在"我的招财宝"页面中直接查看账户资产。

用户在招财宝平台购买了定期理财产品后，如果投资没有到期却需要用钱，则向平台支付交易金额的一定比例资金作为手续费，即可变现，让定期理财产品也可以提前赎回。在招财宝定期理财产品赎回的过程中，会涉及一种叫"个人贷"的业务。那么什么是个人贷呢？下面来看一个例子。

例如，一个用户在招财宝中购买了一个一年定期的理财产品，但是在投资 6 个月时需要提前赎回，那么招财宝就会将该笔定期投资款项转化为"个人贷"业务，然后通过大数据匹配下一个合适用户。此时该业务仍然挂在第一个购买者的名下，一年到期时，本金和收益会立刻进入第一购买者账户，然后瞬间又将收益转移到第二个投资者账户中，这样第一个用户享受到前 6 个月的定期收益，后 6 个月的定期收益则归第二个投资者所有。

那么招财宝理财产品具体要怎样变现呢？

◆ **第一步**：进入招财宝首页（http://zhaocaibao.alipay.com）并登录个人账号，选择"变现"选项，在支持变现的产品右侧单击"变现"按钮。

◆ **第二步**：输入相应的变现利率、金额和支付宝支付密码，单击"同意协议并变现"按钮。

◆ **第三步**：变现申请成功后，申请变现的人只需等待其他投资者购买即可。

变现后的资金进入余额宝或者支付宝余额中，单次变现申请金额最高为 1000 万元（含），并且同一产品只能同时有一笔申请中的变现，但同一账户没有笔数限制。

另外，借款类产品（个人贷和中小企业贷等）变现时按成交额的 0.2% 收取变现费用，其中 0.1% 为变现平台服务费，另外的 0.1% 为变现保险服务费。

而非借款类产品（万能险、理财计划、债券、保本混合基金及债权转让等）在收取变现费用时有一定的差异。每个半年度内第 1~12 次变现，则按变现成交额的 0.2% 收取变现费用；而每个半年度内第 13 次及以后变现，则按变现成交额的 0.5% 收取变现费用，其中 0.4% 为变现平台服务费，0.1% 为变现保险服务费。

6. 娱乐宝，享收益与特权

娱乐宝是阿里巴巴数字娱乐事业群联合金融机构共同打造的增值服务平台，用户在该平台购买保险理财产品就有机会享有娱乐权益。任何网民出资 100 元即可投资热门影视剧作品，预期年化收益在 7% 左右，并且还有机会享受剧组探班和明星见面会等娱乐权益。

淘宝通过向用户（消费者）发售产品进行融资，所融资金一般配置到部分信托计划和保险产品当中，最终投向阿里娱乐旗下的文化产业中。

娱乐宝为投资者们提供了多种娱乐权益，比如影视剧主创见面会、电影点映会、独家授权发行的电子杂志、明星签名照、影视道具拍卖以及拍摄地旅游等。为"粉丝"投资者打造了从投资影视剧到关注创作动态、与明星互动玩乐及上映购票观影,获得年化收益的全流程参与,向消费者(投资者)提供了一种全新的娱乐生活方式。

首批登录娱乐宝的投资项目有电影《小时代3》《小时代4》《狼图腾》及《非法操作》等;全球首款明星主题的大型社交游戏《魔范学院》;另外,著名导演高某的电影作品《露水红颜》将登陆下一期娱乐宝,供网民投资。

娱乐宝的项目时效性很强,一般都是即将上映的电影,在电影上映前几乎都会关闭购买通道,所以购买娱乐宝的投资者必须掌握好时机,时刻关注娱乐宝的动态,因为从娱乐宝项目上线到下线的时间较短。用户可以通过淘宝、支付宝或者娱乐宝手机端 APP 等入口进入娱乐宝,购买娱乐宝理财产品。下面以在电脑端购买娱乐宝为例,讲讲具体的操作步骤。

Step01 登录个人淘宝账户,在淘宝网首页的搜索框中输入"娱乐宝",单击"搜索"按钮。

Step02 在打开的页面上方单击"娱乐项目"选项卡,再单击"更多娱乐项目"按钮。

Step03 在打开的页面中选择正在销售的娱乐宝产品，根据相关购买支付流程进行操作，完成娱乐宝理财产品的投资。

4.3 天天基金——活期宝

活期宝是原来的天天基金现金宝，与汇添富现金宝不同，活期宝是天天基金推出的一款针对优选货币基金的理财工具，向活期宝充值就是购买优选货币基金。那么活期宝究竟有哪些好处？活期宝怎样理财呢？

1. 购买活期宝

活期宝支持 7×24 小时随时取现，并且快速取现实时到账。充值活期宝的用户享受货币基金收益，轻松获取远高于活期存款利率的利息，其收益率甚至超过一年定期存款利率。活期宝对接的是精心筛选出来的货币基金产品，提供优化的投资回报，所以对家庭理财来说既方便，收益也较高。

购买活期宝需要先开通活期宝账户，用户只需登录天天基金活期宝（http://huoqibao.1234567.com.cn/）完成注册。然后返回到活期宝页面中即可查看并选择相应的基金进行充值，如图 4-3 所示。

基金代码	基金名称	日期	每万份收益(元)	7日年化收益率(%)	
213909	宝盈货币B	05-26	1.1138	2.7780%	充值
000588	招商招钱宝货币A	05-26	1.0594	3.1020%	充值
213009	宝盈货币A	05-26	1.0482	2.5310%	充值
530002	建信货币	05-26	0.9170	2.9520%	单击 → 充值
200103	长城货币B	05-26	0.9079	2.8780%	充值
200003	长城货币A	05-26	0.8418	2.6320%	充值
270014	广发货币B	05-26	0.8096	2.6240%	充值
270004	广发货币A	05-26	0.7437	2.3840%	充值

图 4-3　选择活期宝基金进行充值

在该页面中，还会显示前一天的活期宝最高七日年化收益率，并且用户可以在该页面计算投资一定资金后，一天的预期收益。活期宝中的每只基金首次充值最低 500 元，首次充值成功后每次充值最低 100 元，充值 0 手续费。

活期宝充值后，一般在 T+1 日确认充值成功，确认充值成功后用户就能享受活期宝收益；在 T+2 个工作日就可以查询收益，此时的收益为估算的未付收益。

2．活期宝取现与撤单

用户利用活期宝理财，获得收益后就想要从账户中将理财资金及收益取现，有时操作失误还会涉及撤单。

■ 活期宝如何取现

用户想要将活期宝中的理财资金取现，可以登录活期宝账号，在活期宝页面单击"取现"选项卡，接着按照提示步骤将理财资金取现即可，如图 4-4 所示。

图 4-4　活期宝取现入口

活期宝取现分为普通取现和快速取现，普通取现没有限制，而快速取现有一定的限制。在同一工作日（交易日），用户快速取现单笔最低为100 元，最高为 5 万元，日累计最高为 10 万元。普通取现 0 手续费，而快速取现在推广期间免手续费。快速取现时，单个基金产品最少要保留一份，如果两个工作日（交易日）内无快速取现记录，则活期宝支持全部取现。另外，用户要在充值后的 T+2 日才能进行取现。

■ 什么情况可以撤单

用户登录自己的活期宝账号，在"交易记录"里可以查到活期宝账户的充值、取现和快速取现的全部记录、最新状态以及交易详情。而用户在活期宝中进行的理财操作，并不是所有订单都能撤销，那么什么情况可以撤单，什么情况不能撤单呢？

◆ 向活期宝账户充值和快速取现不能撤单。

◆ 普通取现可以在当前工作日 15:00 前撤单，根据取现时间来推算，
用户能在充值后的 T+2 日 15:00 前对普通取现操作进行撤单。

3．活期宝一键互转，随时实现高收益

近几年，中国的通过膨胀率居高不下，由此，活期宝独家推出了新功能——活期宝一键互转。与先赎回再申购的转换方式相比，"一键互转"功能真正做到"一键"操作，省去了普通转换存有的 2~3 天资金空档期。活期宝中的基金在互转期间收益不间断。投资者可以随时关注货币基金的动向，随时转换，实现更优基金的选择。下面来看看如何进行活期宝一键互转。

Step01 进入天天基金官网（http://www.1234567.com.cn），登录个人活期宝账户，在"活期宝"栏中单击"活期宝互转"按钮。

Step02 选择需要互转的基金，在"操作"栏中单击相应的"一键转出"超链接。

Step03 在新页面中选中要转入的货币基金左侧的单选按钮，输入份额和交易密码，单击"确认"按钮。

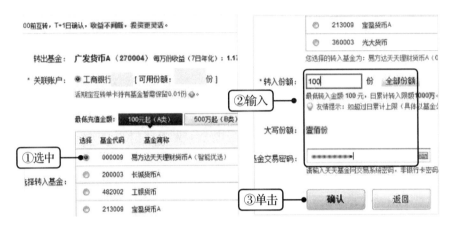

Step04 互转成功后可以单击"点此查看互转记录"按钮，在打开的页面中即可查看到互转记录。

　　手机端可直接下载"活期宝"应用，然后根据页面的提示完成"一键互转"的相关操作，大致的步骤与电脑端的操作相似。

4.4 其他网站式理财

　　目前国内市场中，很多大型互联网网站都推出了自己的理财产品，不仅给网站带来了更多的浏览量，还丰富了投资者们的理财手段。除了前面提到的京东理财和淘宝理财外，还有哪些网站式理财呢？

1．百度百赚——活期巧生财

百度百赚是百度金融中的一大类理财产品，分为活期和定期两种类型。百赚活期属于高收益活期理财产品，实现了灵活存取。下面以在百度金融中进行百赚理财为例，讲解具体的操作步骤。

Step01 登录百度账号，进入百度金融首页（https://8.baidu.com/），向下浏览页面，找到"投资精选"栏，在"百赚利滚利"选项卡中单击"立即投钱"按钮（也可先单击"百赚利滚利"选项卡了解该产品的具体情况）。

Step02 如果用户是第一次进行百赚理财，则需要绑定银行卡，填写自己的真实姓名、身份证号及支付密码并确认，单击"点此免费获取"按钮，将接收到的验证码输入验证码文本框中，单击"下一步"按钮。

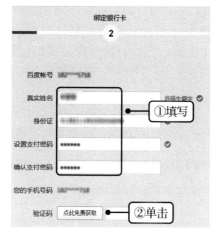
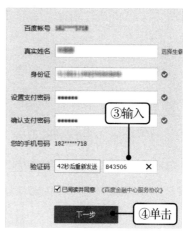

Step03 系统将提示绑定成功，用户完成支付即可成功购买"百赚利滚利"产品，进行投资理财。

2. 现金宝——储蓄好账户

现金宝是汇添富基金公司推出的一种储蓄账户，可以帮助普通人管卡、管钱及理好财。现金宝一分钱起存，取现 1 秒到卡，还有多卡转账和保底充值等功能。并且在原有 7×24 小时随时随地取的基础上，免去了快速取现的手续费，且当日最高取现额度为 500 万元。不仅如此，连一分钱都能快速取现。

用户使用现金宝为信用卡还款时，多达 40 家银行的信用卡还款实现了实时到账。现金宝的收益每日自动结转，实现天天复利，这比银行储蓄收益更可观。

现金宝支持自动充值和保底归集两种自动攒钱方式，自动充值就是绑定工资卡，系统定期将指定金额的资金转入用户的现金宝账户，让用户银行卡内的资金"活跃"起来，享受远超活期的收益。而保底归集是自动充值的升级版，用户无须烦琐的设置，只需要指定卡内需要保留的金额，超出部分每天将自动转到现金宝完成充值。

用户通过现金宝专享渠道，使用工行、农行、建行及招商银行等 10 多家银行卡申购、定投汇添富基金，费率一律 4 折，根据用户们的经验，这一服务将为用户节省最高 60% 的成本。

另外，现金宝每日都有利息收入，投资者享受的是复利，每月分红结转为基金份额，分红免征所得税。股市好时可以购买股票型基金，债市好时可以购买债券型基金，当股市和债市都没有很好的机会时，直接享受货币基金的安全性与收益性，投资者通过现金宝账户可以及时把握股市、债市和货币市场的各种机会。

用户可以进入汇添富基金官网（http://www.99fund.com/）开通现金宝，具体的开通流程比较简单，只需在关联银行卡后根据页面提示即可轻松完成，这里就不再赘述。开通现金宝成功后就可以进行基金买卖和定投等业务。

3．用存钱罐，灵活存取享收益

这里的存钱罐是指微财富存钱罐，是由新浪联合汇添富基金公司推出的理财产品，"存钱罐"是一款低风险、随存随取的基金理财产品。把钱转入存钱罐也就是购买了由汇添富提供的货币基金，因此存钱的人就可获得收益。存钱罐可以直接购买定期、基金、保险以及金生宝等理财产品，存取灵活。那么微财富存钱罐要怎么购买呢？下面介绍具体的操作步骤。

Step01 进入微财富官网首页（https://www.weicaifu.com/），单击"登录"按钮，在打开的对话框中单击"微博登录"选项卡，输入新浪微博账号和登录密码（如果没有开通新浪微博，用户可以注册微财富账号或者新浪微博账号），单击"登录"按钮。

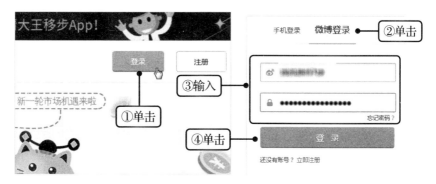

Step02 此时在跳转的页面右侧可以看到"存钱罐"这一产品，单击"立即转入"按钮，在打开的页面中单击"开始理财"按钮。

Step03 在"个人信息验证"页面，填写用户自己的真实姓名、身份证号、手机号和获取的验证码，设置支付密码并确认，单击"确认开通"按钮。

 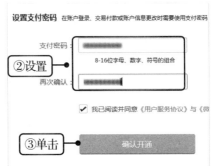

Step04 信息确认后，用户只需完成款项金额的支付即可成功购买存钱罐，持有后获得收益。

.PART.

"422"
家庭理财

教孩子
理财

年轻人的
"微"生活

老年人
理财攻略

家庭理财多姿多彩

　　家庭理财除了在理财工具上有讲究外，不同的家庭成员在理财时也有一定的讲究。不仅如此，不同格局或不同性质的家庭，其理财的思路和偏好也大不相同。这一章我们就来详细了解特殊家庭和特殊人群的理财经。

5.1 "422" 家庭理财思路

> 人口老龄化和生育政策的放宽，很多"421"家庭一"跃"成为"422"家庭。"422"家庭是指家庭中除了两个主要劳动力外，上有双方父母，下有两个孩子。这样的家庭支出大，所以很需要理财。

1. 不进行高风险投资

"422"家庭的经济负担比一般的"421"家庭要重，那么为了保证家庭生活的正常进行，家庭成员最好不要进行高风险投资，例如股票和外汇等。但是对于资深股民来说，技术方面能够保证家庭投资股票不易出现亏本，因此也可以进行股票投资，因为股票投资收益高，可以缓解家庭经济负担。

针对"422"家庭这一新的家庭模式，为了改善生活，适合做哪些理财呢？

◆ **无负债，投资受益相对高的理财产品：**"422"家庭若是没有负债，其资金使用自由度较高，可以在预算了家庭月开支后将少部分的资金投资到收益较高的理财产品中，比如网络理财产品，像活期宝、小白理财和现金宝等。然而大部分资金还是要做稳健投资，比如债券、储蓄和保险等。

◆ **有负债，追求低风险中等收益：**"422"家庭日常开支较大，再加上家庭有负债，那么对资金的使用不再那么自由。此时家庭的风险承受能力不强，所以要选择收益比较稳健的理财产品做投资，比如债券和储蓄。

◆ **教育保证金解决孩子上学问题**："422"家庭中有两个孩子面临上学问题，比一般一个孩子的家庭更需要解决学费困难。这时，家庭可以为孩子存储一份教育保证金，让这些资金在还未使用时进行增值。具体内容将在第7章详解。

◆ **准备家庭应急准备金**："422"家庭因为多了一个小孩儿，所以突发状况的发生概率也相对增加。为了给家庭生活做好全方位的准备，需要留足应急准备金，否则一旦到了用钱的时候没有资金，或者导致提前支取定期储蓄影响利息收益。

那么，哪些理财产品对于"422"家庭来说是风险比较大且不宜进行投资的呢？如表5-1所示。

表5-1 "422"家庭不宜投资的理财产品

理财方式	原因分析
股票	"股市有风险，投资需谨慎"一直是股民和专家们常挂在嘴边的提示语，股票理财虽说能让资金快速增值，但同时存在着很高的亏本风险。如果是股市菜鸟，很可能在股票投资上血本无归，这对"422"家庭来说算得上是毁灭性的打击
外汇	外汇是一种债权，因此在交易时具有滞后性，而外汇投资根据外汇汇率的变动，会产生两种结果，不是获利就是亏损。而对于"422"家庭来说，这两种结果天差地别，中间没有适当的缓冲结果，所以亏损的风险为50%
房产投资	房产投资需要的资金数额较大，且一般需要一次性投入大量资金，而且投资回报期较长。对于"422"家庭来说，需要资金拥有较强的流动性，因为需要用钱的地方比较多，而且不固定，所以房产投资理财并不适合这样的家庭
高收益基金	一般的高收益基金都建立在高风险的基础上，并且这些风险的程度是"422"结构这样的家庭没办法承担的。所以不要因为追求高收益而盲目地在高收益基金中稀里糊涂地理财

2．存款利息太低，要投资转型

自从 2015 年 10 月，银行存款利息下降以后，很多储户都觉得存款利息太低，资金增值的速度太慢，所以开始进行投资转型。而对于"422"家庭来说，日常的生活开支更大，所以对高收益的诉求更强烈，因此就需要改变投资理财策略。

首先从观念上要适当开放，不能再坚持保守的理财观念。只有从潜意识里认可开放性的理财观念，在实施理财时才有激情，并且才有责任心去做好理财。

从储蓄转到投资，从"存钱"转到"投资"。存钱只是家庭理财中最基础的一种方式，储蓄虽然最安全，但同时也是获得收益最少的方法。因此，家庭可以考虑将储蓄的部分资金拿来做投资，比如债券、网络中的"宝宝"类理财产品。

另外，还可以将一些闲置资金拿去支持众筹项目，享受高收益，同时还能认识更多的人，拓宽人际关系。

"422"家庭对风险性要求较高，所以国债是代替银行存款的后备选择，利率一般比银行利率高 1.7% 左右，但是对于财富增值，国债投资在家庭理财中占比不宜过高。

3．减少家庭支出

"422"家庭要从开源的方向理财，有一定的难度，主要是受到风险控制的约束。然而，"422"家庭也可以和一般家庭一样从节俭的角度出发来理好财。

■ 省电窍门

电费支出是家庭生活中一项基本开支，那么，在用电过程中有哪些省电技巧呢？

◆ 在使用电视机时，不要频繁开关，有些通过遥控功能实现开关的电视机，关机后，遥控部分仍然带电，且一般亮着一个红色的指示灯。所以家里用电视机时，要么不要随意开关，要么关闭电视机的时候将总电源关掉（拔下插头）。

◆ 使用冰箱时，冰箱里的食物不要放得太满太密，否则阻碍冷气流通，造成冰箱不制冷，导致开更低温度消耗多余的电量；同时，冰箱内放的食物也不宜太少，否则会丧失冷气，浪费电能。平时使用冰箱时应尽量减少开关门次数，除了无霜冰箱外都应及时除霜，还要定期给冷凝器除尘。

◆ 在用洗衣机时，衣物尽量集中洗涤，洗衣筒内所洗衣物应接近最大洗衣量，减少投放次数。若洗衣机已经使用 3 年以上，发现洗涤无力就应更换或调整洗衣机的电机皮带。

◆ 电饭锅是耗电功率较大的电器，其保温性能很好，在煮食物时可等水开了以后切断电源，用余热也能加热一段时间；如果饭在断电后还没有熟透，那么可以再次接通电源，这样断续通电可以节省用电 20%~30%。

◆ 夏天到了，有些家里使用电风扇散热。而很少有人知道，电风扇的叶片直径越大，转速越高，耗电量越大。所以在能够达到散热效果的前提下，应尽量选用叶片较小的电风扇。电风扇要省电，最好在高速挡启动，达到额定转速后再切换到中低档，这样不仅省电，还能保护电机，延长使用寿命。

◆ 尽量使用节能灯具，亮度高且功率小，且家里有孩子上学的话，节能灯能保护孩子的眼睛，同时还能节 20%~70% 的电量，但要购买正规厂家生产的节能灯，若是贪便宜买了假的节能灯，反而造成不必要的损失。

◆ 空调启动时最耗电，所以家庭生活中要充分利用空调的定时功能，既能散热又能防止浪费电能。新购空调的家庭应首选变频空调，能在短时间内达到室内设定温度，从而达到节能降温的目的。特别是夏天太热的时候，使用空调的频率高且时间长，这时变频空调的性能就更加显著。若使用空调时间不多，则可以选购一台定速空调。另外，定期清洗空调也能帮助节省电量。

■ 节约用水

对家庭来说，水电是必不可少的。比起用电，家庭对水的需求更重要，没有水生活会变得乱糟糟。试想一下，没有水，夏天没法洗澡、洗脚、没法冲厕所、没法喝水。但是为了减少家庭开支，我们又不得不节约用水，这其中有没有什么妙招呢？答案是肯定的。

淘米水洗菜。很多人觉得买的米很可能都是别人用手摸过的，因此淘米水会有细菌，这种担心并不多余，但从另一方面来说，淘米水所含的物质可以比清水更能洗去蔬菜上残留的农药。如果还不放心，还可以在用淘米水洗过以后再用清水冲洗一次。然后将这些洗过菜的淘米水和清水用来冲厕所，达到多次使用的省水效果。

洗衣水用来拖地。洗过衣服的水还有洗涤的泡沫，可以有效除去污渍，所以拿来拖地既能省水，还能提高地板的清洁效果。

自己洗车时尽量不用水冲。有些家庭虽然买了私家车，但每个月车的保养费却没法负担，所以会选择自己清洗汽车。清洗汽车时不要用水管直接冲，最好用帕子擦拭，太脏的地方可先用洗过衣服的水或者洗过脸的水进行冲洗。

洗衣服时提前浸泡。在清洗前对衣物进行浸泡可减少漂洗次数，从而省水。

■ 节省天然气 / 煤气

现在很多家庭都用天然气或煤气做饭，一不留神，这些"气"就会"撒"到住户身上，让住户支付较高的燃气费。虽然节省的资金可能并不是很多，但对于"422"家庭来说，节约一分是一分。如图 5-1 所示的是一些用气的小招数，可以节省一定的用气量。

1 做饭时，应先把要做的食物准备好以后再点火，避免烧"空灶"。做饭是个系统工程，程序安排合理，配料等准备工作做好，就能避免燃气空烧。先打开燃气灶再开始洗米、择菜和配料，这无形中增加了燃气的浪费。

2 不管是烧菜、炖菜还是煲汤，盖上锅盖可使热量保持在锅内，饭菜热得更快，味道也更鲜美，既可减少水蒸气散发，减少厨房和房间里结露的可能性，还能防止热气从锅里散发出来使厨房温度升高。减少做饭时间就减少了燃气用量。

3 做饭时，火势并不是越大越好，火的大小应该根据锅的大小来决定，火焰分布的面积与锅底相平即为最佳。

4 蒸饭所用的时间一般是焖饭所用时间的3倍，所以在没有特殊的口感要求时，家里做饭可采取焖的方式。

5 做饭或烧水之前，应先把锅或壶表面的水渍擦干，然后再放到火上。这样可使热能尽快地传到锅内，从而达到节约用气的目的。

6 做饭时，常常会有风把火吹得摇摆不定，使火力分散，这时可用薄铁皮制作一个"挡风罩"，即能保证火力集中，又不浪费燃气。

图 5-1 节省用气量的方法

■ 节约，从小孩儿入手

"422"家庭中，除了一次性生了两个小孩儿的以外，一般都是先生了一个孩子，过一年或者过几年再生一个孩子。一次性生两个的情况（双胞胎）想要在穿着上节省开支不大可能，因为两个小孩儿同时要穿一样大小的衣服。

但如果是有先后顺序地生两个孩子，父母可以把第 1 个孩子小时候的衣服清洗干净放好，等到第 2 个孩子出生时就可以穿第 1 个孩子穿过的衣服，这样可以节省一笔不小的费用。小孩子用过的、好的玩具不要扔，可以在第 2 个孩子出生后使用，这样也能节省一笔玩具费的开支。

总的来说，"422"家庭减少支出的原则就是循环利用，注重资源的重复利用性和延续使用性。

5.2 教孩子理财，成就未来"富"翁

> 现如今，理财不再是一个家庭中父母的事情，孩子也有责任帮助家庭理好财。那么家庭在理财过程中怎样教孩子理财？怎样才能培养孩子的理财观念呢？

现在的孩子都特别聪明，有的孩子在很小的时候就知道红色的钱比绿色的钱"好"，甚至有些孩子非"红"的不拿。相反，有的孩子却对钱没有什么概念，顺手就给别人。因此，要让孩子从小养成正确的理财观念，学会用钱的同时又不被金钱迷惑。

■ 上小学前：存钱和零用钱使用

目前的人文风气促使很多小朋友有了自己的零用钱，所以父母此时就可以将孩子们的这些零用钱拿来建立一个"小金库"，"小金库"中的钱一般是过年所得的压岁钱。

等到孩子上学后，对钱有了更进一步的认识，父母可以告知孩子这一

"小金库"的存在，并且说明里面的钱是怎么来的，用这种方法每年能存下来不少钱。如果父母利用这笔资金进行投资，从而获得收益的话，还要告诉孩子为什么不把钱放在家里而是要做投资，让孩子知道投资理财可以让财富增值。

另外，父母在存钱或者做投资时可以适当给孩子讲讲其中的获利原因，比如存钱为什么能赚钱，投资为什么有收益等。然后在孩子上学的时候定期发一些零用钱，并告知孩子在下一次发零用钱之前不能再向父母要零花钱。下面来看看应该如何培养孩子的理财意识，并为孩子存钱。

自打林女士的女儿妍妍出生，小可爱就受到亲戚们的关爱。过年过节到亲戚家，亲戚们都会给襁褓中的妍妍一些压岁钱或者零用钱。一两岁的时候妍妍还不明白压岁钱是什么东西，到了3岁以后，每次去亲戚家，妍妍就知道会收到亲人们给的压岁钱或者零用钱。

当发现女儿开始知道什么是"钱"以后，林女士就开始了对女儿的理财培养计划。每次过年过节女儿收到的压岁钱或零用钱，林女士都要亲口向妍妍征询意见"妈妈先帮你保管你的压岁钱，等你长大了妈妈再给你，相应地，妈妈每个月给你一定的零用钱，这样好不好！"一开始妍妍不太愿意，但想了想，可能觉得每个月也有钱拿，就答应了。

到了妍妍7岁开始上小学时，林女士向妍妍说明了她自己拥有接近5000元的钱。妍妍很高兴，但几秒过后又感到吃惊："妈妈，我什么时候有这么多钱啊？"林女士把妍妍从小到大的压岁钱存起来的事情告知了妍妍，妍妍只说记得自己收到过压岁钱，但好像没有用过，这时才知道是自己的妈妈帮自己存起来了。

林女士向妍妍解释了为什么要这么做，当初为妍妍保管压岁钱只是让妍妍不要乱花钱，而定期给妍妍零用钱是为了弥补小孩子没有拿到压岁钱的心理落差，防止孩子产生扭曲的价值观。林女士还给妍妍说明了理财的重要性，耐心教导妍妍继续保持良好的存钱习惯。

■ 小学阶段：花钱与记账

孩子上了小学，有了自主支配零花钱的意识。但因为对钱的概念认识还不够深刻，同时对家庭经济的了解不够，所以在这样的过程中，父母不能只教孩子存钱，还要教孩子如何花钱。

作为父母，不要一味地责怪孩子为什么花了很多钱，而是要弄清楚孩子把钱用在了什么地方。为什么要用这些钱。然后教会孩子有计划地花钱，明白哪些钱是应该花的，哪些钱是不应该花的。

为了让孩子自己清楚花的钱的去处，父母要教会孩子记账，让孩子将自己花钱的原因及金额记录清楚，同时也要记录零用钱的来源（收入），让孩子明白账单一般包括了收入和支出。

父母可以通过孩子的记账本了解孩子对金钱的认知，如果有不妥或者偏离了正常消费观的地方，要帮助孩子及时纠正，让孩子从小就形成正确的消费观和价值观。

若是男孩儿，父母在教其记账时，最好能遵循"大气"的原则，教孩子记录大致的消费方向和金额，培养男孩子的大度；若是女孩，在教其记账时要注重记账方法，将女孩儿培养成一名未来的精明主妇或家庭女主人。

■ 初中时期：借钱与还钱

初中时期的孩子基本已经懂得一些较深的道理，此时家庭中的父母要向孩子灌输借钱还钱的思想。除了学费和生活费等基本开支外，孩子向父母提出买东西的要求时，可以和孩子说明，现在父母出钱买的东西算孩子的，但是买东西的花费要算作孩子向父母借的钱，以后是要还的。

其实，父母并不是真的要孩子还钱，只是要从这时开始让孩子明白世界上没有白吃的午餐，很多东西都要通过自己的努力才能获得。而且向别人借钱一定要还的思想是必须要灌输的，让孩子从小养成诚实守信的好习惯和好品德。

另外，涉及借钱和还钱时，父母还要教会孩子如何防范被骗，既要做到借别人钱按时归还，同时还要做到防止别人向自己借钱不还的情况发生。让孩子知道，在别人向自己借钱且金额比较大时，需要写清楚借条或者在借钱给别人时要有相关的证明人在场，防止借出去的钱收不回来。

■ 高中时光：灌输赚钱思想

很多人认为 16 岁的孩子已经算是成年人，所以 16 岁以后的"孩子"要开始懂得赚钱。确实，父母要在孩子高中的时候就开始灌输走入社会、赚钱养活自己的思想，让孩子能早日独立。

在给孩子灌输赚钱观念时，要指引孩子明确一些不合法的赚钱行为，让孩子提高警惕，以免走上违法犯罪的道路。因此，这就要求父母不要把孩子逼得太紧，重要的是灌输"赚钱养活自己"的思想，而不要太在意孩子以后能赚多少钱。

🌐 5.3 年轻人的"微"生活

随着科技的进步，互联网的普及，还有电子产品的风靡，越来越多的年轻人过上了"微"生活，尤其是在腾讯公司继 QQ 以后推出的名叫"微信"的社交软件的出现，使年轻人的"微"生活更加丰富。

1．微信钱包充话费省钱

目前，微信的很多功能只有在手机端才能使用，电脑端只能聊天、查看新闻及公众号信息等。虽然微信钱包充话费并不能为用户节省很多钱，但至少能节省出门充话费消耗的时间，也能节省上淘宝网等购买充值卡的时间。下面来看看如何利用微信钱包给手机充值。

Step01 在手机端启动微信，进入微信主页，点击页面右下角的"我"按钮，进入个人中心，点击"钱包"按钮。

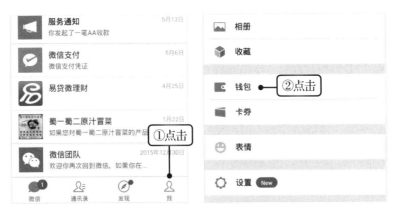

Step02 在打开的页面中点击"手机充值"按钮，在"手机充值"页面输入充值号码，选择需要充值的金额，这里选择"50元"选项（售价为49.95元，即用户花49.95元为手机充值50元）。

Step03 如果钱包里的零钱不足，系统会提醒用户使用与微信绑定的银行卡进行支付，此时点击"使用银行卡支付"按钮，在打开的对话框中选中相应银行卡右侧的单选按钮。

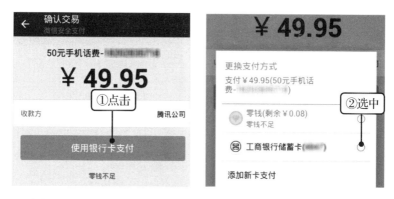

Step04 在打开的页面中输入支付密码即可完成话费的充值。

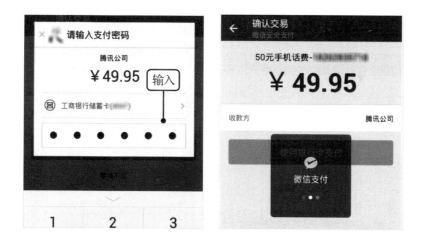

2. 微信钱包为信用卡还款，实现免费取现

微信钱包除了可以帮助用户为手机充值外，还能为信用卡还款。用户需要先给微信绑定常用的信用卡，然后再用微信钱包为信用卡还款即可。如果事先没有绑定信用卡，用微信钱包给信用卡还款时需要完成绑卡操作。下面以为已经绑定的信用卡还款为例，介绍具体的使用微信钱包偿还信用

卡的操作步骤。

Step01 进入微信"钱包"页面，点击"信用卡还款"按钮，在新页面中选择需要还款的信用卡（也可以添加新的信用卡）。

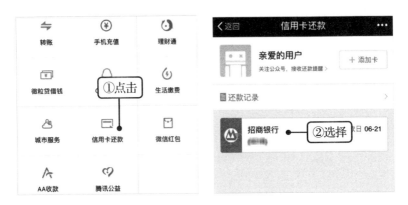

Step02 在"信用卡还款"页面中输入需要还款的金额，点击"立即还款"按钮，在打开的对话框中输入支付密码，完成支付后即可还款成功。

　　用户在使用微信给信用卡还款时，不同银行的信用卡，还款的到账时间不同，因此用户要提前咨询相关银行，若不能实时到账，用户需要在到期还款日前使用微信钱包提前为信用卡还款。根据微信还款规定，中信银行、平安银行和农业银行等支持实时到账。

目前，包括工行和建行在内的多家银行，都有一定的信用卡溢缴款免费取现额度。当用户通过"微信钱包"的"零钱"为信用卡还款时，信用卡会首先进行还款扣款，超出还款额度的剩余钱款就会成为溢缴款，之后用户只需要到信用卡发卡行网点或者ATM机上进行取款，就能完成"免费"的微信"零钱"取现。

3. 理财通让"微"生活发挥大作用

理财通是腾讯官方理财平台，精选货币基金、保险理财和指数基金等多款理财产品。理财通实现了官网、微信和手机 QQ 这 3 个平台灵活操作，随时随地无缝理财，其中官网最高支持 1000 万元额度。

用户可以进入理财通官网(https://qian.qq.com/)进行理财产品的购买，为了方便，用户可以直接通过微信进入理财通选购理财产品。下面来看看使用理财通购买理财产品的具体步骤。

Step01 启动手机微信，进入"我的钱包"页面，点击"理财通"按钮，在"腾讯理财通"页面中选择一种理财产品。

Step02 在打开的页面中查看该产品的详细信息，确认要购买后点击页面

右下角的"买入"按钮（若用户有定期投资计划，还可以点击"每月自动买入"按钮开通自动划款服务）。

Step03 在打开的页面中输入购买金额，选中"同意服务协议及风险提示"复选框，点击"买入"按钮，在新的页面中点击"使用银行卡支付"按钮。

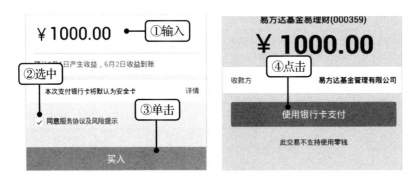

Step04 在打开的对话框中选中相应支付方式右侧的单选按钮，然后输入支付密码即可完成支付，并成功购买该理财产品。

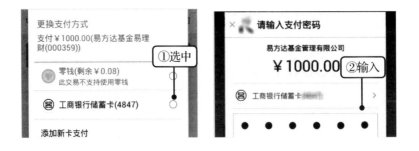

用户使用理财通理财，账户安全性较高。理财通特别设置只能将资金转出到一张银行卡内，也就是说仅可使用"安全卡"赎回，但可以使用多张银行卡购买。一般来说，理财通第一笔购买交易使用的银行卡将被默认为理财通安全卡，资金只可使用此卡进行赎回。

4. "滴滴出行"简单实惠

滴滴出行是一款打车平台，被称为手机"打车神器"。滴滴出行涵盖了出租车、专车、快车、顺风车和代驾等多项业务，利用移动互联网特点，将线上和线下相融合，最大限度优化乘客打车体验。下面以在微信中使用"滴滴出行"为例，看看如何省钱打车。

Step01 启动手机微信，进入"我的钱包"页面，在"第三方服务"栏中点击"滴滴出行"按钮，在页面上方选择"快车"选项。

Step02 然后输入乘车起点和终点，系统此时会给出两种乘车方案，即拼车和不拼车，用户根据自身需求选择，这里选择"拼车"选项，然后点击"确认拼车"按钮。

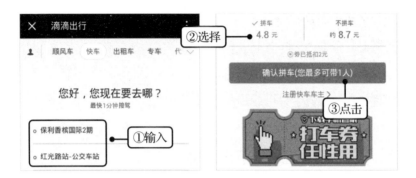

紧接着，用户在页面中输入自己的手机号码，确认拼车。此时会显示叫到的车的车牌号和车主的手机号码，一般车主会主动给用户打电话，询问用户的具体位置；如果车主很久没有电话联系，则用户可以主动给车主打电话催促其尽快到达打车用户的上车地点。

从步骤中的展示图可以看出，用户在打车时，拼车比不拼车要便宜很多钱，所以一般的打车用户都会选择拼车。而且，如果用户有"滴滴优惠券"，还能使用优惠券抵扣一定的打车费，可以省更多的钱。

另外，如果用户打算用"滴滴出行"坐出租车，还能实现提前预约。另外，顺风车也能预约，而且可以预约市内或跨城顺风车。使用"专车"服务时可以选择舒适型、七座商务型或者豪车型车辆，不同类型的车计价不同。

5. "微信银行"无卡取款

微信是目前与QQ一样，使用很广泛的社交工具，聚集了数亿的用户，而各大银行为了推广业务也瞄准了这一客户群体，相继推出微信银行。

一般来说，只要在微信中查找相关银行的微信公众号并加关注，然后根据页面提示绑定银行卡，就可以在相应银行的微信银行中办理各种业务。目前工行、农行和中行等多家银行都已推出了微信银行。

以工商银行的微信银行为例，"中国工商银行"订阅号平台每日会向用户提供工行的官方情报、最新动向以及优惠活动。而用户如果有具体业务需要办理，如查询账户余额、办卡进度、还款金额或进行购汇还款及永久调额等，只需关注"中国工商银行电子银行"微信服务号，进行相关操作即可。

微信银行能给用户带来很多方便，比如账户余额变动提醒，如果是订阅手机短信通知，很多银行每月都要收取一定的短信通知费，但其实微信银行也有这个功能，并且是免费的。

随着移动支付的流行，无卡取款的场景也逐渐变得火热，目前国内多家银行的ΛTM机已实现该功能，主流的"无卡取现"渠道主要有Apple Pay、手机银行和微信银行这3种。其中，微信银行的无卡取现方便快捷，操作简单。下面以在招商银行微信公众号中进行无卡取款为例，讲解相关的具体操作。

Step01 关注"招商银行"微信公众号，系统会提示用户下载招行的手机银行，若用户已经安装了招行的手机银行，则不需要再下载，若没有安装，则点击"点击这里，立即下载"超链接，在打开的页面中点击右上角的"更多"按钮，选择"在浏览器中打开"选项，然后按照提示完成下载操作。

Step02 然后再次进入招商银行的公众号，点击页面右下角的"无卡取款"

按钮（在进行无卡取款业务时，用户需要先在微信中绑定招商银行的银行卡，否则无卡取款服务不能使用），系统提示绑定的卡的无卡取款额度。

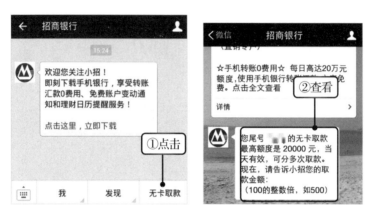

Step03　然后在对话框中输入要取现的金额，点击"发送"按钮，公众号会提示用户预约无卡取款成功。用户凭借手机收到的授权码到招行 ATM 机上完成无卡取款即可。为了给用户带来实实在在的方便，公众号还在此页面中提供查询最近 ATM 机的超链接，用户点击相应的超链接即可找到离自己最近的 ATM 取款机。

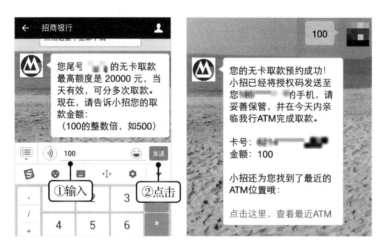

　　用户在招行的 ATM 取款机上依次输入手机号码、预约码和取款金额，就能将钱从 ATM 机中取出。但用户需要注意，微信银行无卡取款的预约时间有一定的限制，各银行有所不同，如果预约取款在规定时间内没有完

成取现，那么系统将自动取消当次微信银行无卡取款的预约业务。

【提示注意】

无卡取款本身的安全设置较为严密，但不法分子还是能钻空子。他们制作虚假银行网站，利用伪基站发送诈骗短信诱骗用户登录假银行网站来套取用户银行卡信息，然后再利用银行的无卡预约取款服务实施诈骗。因此，用户们在使用微信银行无卡取款业务时一定要小心谨慎，对于涉及银行卡信息的短信或网页链接一定要仔细识别。

5.4 老年人理财攻略

随着时代的发展，现在的老年人大都不再需要子女供养，用自己的积蓄也能过好生活。甚至有些老年人还学会了自行理财，赚取部分额外收益。那么老年人理财有哪些常见的措施呢？

1. 买银行保本理财产品，安全放心

由于老年人对投资理财失败的承受能力较低，虽然从整体资产来看其实是可以承受一定风险的，但心理素质不好。所以，老年人理财的原则就是要安心赚钱，低风险理财产品可帮助其获得理想的收益。

针对老年人理财的特点，银行的保本理财产品比较适合老年人理财，如表 5-2 所示的是部分银行的部分高收益低风险理财产品。另外，各种定期存款方式也较适合老年人理财，由于老年人在日常生活中的开支比较固定，而且消费力度较小，所以比起年轻人，有更多的闲置资金。用这些闲

置资金进行定期储蓄，既能安心获得收益，又不影响日常的生活开支。

表 5-2　部分银行的高收益低风险理财产品

银行理财产品	简单介绍
交行稳添利	交行的稳添利系列理财产品都是保守型的，一般都在 5 万元起投，有 33 天、98 天、189 天和新客户专享等品种，预测年收益率在 2.95%（含）及以上，这一预测收益率处于不断的变化当中
交银添利系列	交银添利系列有 1 个月、2 个月、3 个月和 6 个月等品种，都是稳健型理财产品，5 万元起投，预测年收益在 3.5%（含）及以上，这一预测收益率处于变化当中，理财人需要时刻关注
平安财富系列	平安财富系列的理财产品基本上都是保本滚动型，主要为现金管理类的理财产品，常见的就是港币和美元理财。产品期限一般以天数计算，如 92 天、91 天和 30 天等，认购期限一过即停止销售。所以用户们需要实时关注其动态
工行财富稳利	工行的财富稳利系列理财产品是非保本浮动收益型，该系列理财产品属于稳健型、成长型及进取型，一般起购金额为 5 万元，预测年收益率一般在 3.8%（含）及以上，该收益率在不断变化中
农行安心得利	农行的安心得利系列理财产品是非保本浮动收益型，其投资理财期限一般以天数计算，起投金额一般为 5 万元，预测年收益率在 4%（含）及以上，该收益率在不断变化中
建行乾元保本型人民币理财	这一系列的理财产品属于保本型，每种类型有一定的时间限制，并且这一时间很短，理财人需要时刻关注产品的信息，这一类的产品预测年收益率在 3%（含）及以上，收益率在不断变化，且很多时候都不能提前赎回
中行国债产品	老年人都比较相信国债的实力，而中行的理财产品中就有部分国债，如记账式国债、储蓄国债（电子式）和凭证式国债等。国债的收益比较稳定，且风险很低，但是用户需要到银行网点办理业务，部分国债产品可在网上银行购买

2．自建菜园，省钱又健康

随着越来越多的食品问题的出现，人们对生活质量开始担忧，不仅物价居高不下，而且食物的安全性也令人怀疑。于是很多退休老人都开始筹划自建菜园，不仅能吃上新鲜放心的蔬菜，还能省去大部分的生活开销，可谓是一举两得。

但有人可能会问"现在住在小区里，哪有地方用来种菜？"这的确是一个难以解决的问题。事实上，有一种只用水就能栽培蔬菜的方法能实现无土栽培，不但不需要施肥除草，而且病虫害的发生概率也相对较小。

普通家庭使用阳台小菜园时，需要购买一些小的育苗盘，把蔬菜种子撒到盘里，等出苗后将其移栽到装水的器具中，这些器具中需要有适合蔬菜生长的营养液，具体的技术还需要向专业人士咨询。

而有些家庭中的老年人，为了给子女吃上放心蔬菜，都打算回乡下老家种菜，然后定期给住在城里的子女送菜，这种方法也能使自己吃上新鲜蔬菜。但是这一做法所要消耗的精力比阳台小菜园的做法要多，所以有条件的家庭最好还是学习无土栽培技术，自建阳台小菜园。

3．锻炼养生，跟药说"拜拜"

俗话说，"没病没灾就是最大的省钱之道"，在我们所处的这个社会环境中，看病虽有医保，但各种疾病的病发率也在不断升高。医保只能是治标不治本的就医省钱法，要从源头节省看病就医的开销，就需要拥有一个良好的身体。学会养生能让个人身体更加健康，那么怎样可以养生呢？

■ 讲究吃法

不同年龄段的人都需要在早餐时补充营养，午餐时补充能量，晚餐时不饿就行。饮食专家认为，古语"早上吃得像皇帝，中午吃得像平民，晚上吃得像乞丐"是有一定道理的。年轻人最应该注意的就是晚上的饮食不宜大鱼大肉，应尽量清淡；老年人要注意，即使味觉功能减退也不能吃得太咸；小孩子饮食饱了就行，千万不能过饱。

合理的饮食习惯，不仅可以获取必要的营养，达到养生的目的，而且还能节约一定的生活开支，两全其美。

■ 注重运动

很多人都已经开始意识到运动的重要性，以广场舞为例，就能充分说明人们对健康的诉求。很多房地产开发商也将健身设施纳入到房产销售推广策略中，以此来吸引健康意识日益增强的消费者。

适当的运动可以促进血液循环，防止骨质疏松，并且能提高身体的免疫力，达到强身健体的功效。不仅老年人需要注重运动，年轻人同样也应该尽早对"养生"这一话题有所觉悟，不要等到身体出了毛病才来后悔当初没有锻炼，没有实施养生计划。

身体素质好了，生病的概率就会降低，与医院的"联系"就少了，人们何须再愁医保不能解决就医问题呢？所以，减少生病概率也能从就医源头减少生活开支。

5.5 赚小钱，支援生活开支

现在互联网市场上有很多赚小钱的 APP 应用，用户下载这些应用就可享受一定的收益或优惠。本章就来具体介绍几个生活中常用到的 APP 应用，给家庭理财带来一些"点睛之笔"。

1．惠锁屏"惠"生活

"惠锁屏"是一款手机锁屏应用，使用该应用可以积累虚拟货币，被称为"会赚钱的锁屏软件"。用户使用惠锁屏保护手机屏幕时，与一般锁屏程序差不多，但滑动相关按钮可获取一定的收益，一般每小时有一次滑屏收益，在一分钱到 6 分钱之间，如图 5-2 所示。用户只需要向右滑动中间的白色按钮即可获得两分钱的虚拟货币。实是可以承受一定风险的，但心理素质不好。所以，老年人理财的原则就是要安心赚钱，低风险理财产品可帮助其获得理想的收益。

图 5-2　滑动按钮获得收益

用户下载惠锁屏以后，需要用手机号码注册账号，邀请好友使用惠锁屏也能获取一定的虚拟货币；另外，在应用里做任务也能赚取收益，当虚拟货币累积到一定量后，用户就可以在 APP 应用中用赚取的虚拟货币兑换虚拟产品、实物产品或提现充值。如图 5-3 所示的是一些虚拟商品、提现充值产品及实物产品。

图 5-3　虚拟商品（左）、提现充值（中）和实物商品（右）

2. 悦动圈赚钱得健康

悦动圈是一款集计步、跑步、健身和骑行等运动模式记录工具于一身的手机APP，2016年5月27日更名为"悦动圈跑步"。它集合了计步工具、社交和电商等功能，针对跑步、骑行和步行等运动，基于GPS工具进行计步，除了每天第一次启动悦动圈时需要使用网络外，后面再次启动悦动圈则不需要联网也能计步。

用户还可以选择加入不同的圈子，如减肥圈、跑步圈、跑步装备圈及生活休闲圈等，在这些圈子里，用户可以认识很多同样在使用悦动圈锻炼身体的人。如图5-4所示是进入悦动圈后的默认页面。

图5-4 悦动圈"足迹"页面

那么悦动圈具有哪些"赚钱"功能呢？具体内容如下所示。

◆ **运动红包**：每日完成走路、跑步、骑行或健身等任意一种指标，即可获得现金红包。

◆ **印花赛**：团队成员集体收集印花，共同努力完成团队目标，大家一起疯抢大红包。

◆ **百万跑团**：加入跑团，一起参加各类精彩活动，拿奖品奖金。

悦动圈应用中还有很多其他的功能，如健身视频、PK抢红包、悦动狂欢日及百校大战等，赚取的钱都能提现。

.06
. PART.

为房产投
资除障碍

学会
以房养房

二手房的
投资价值

认识
小产权房

买房投资，为财富建个避风港

　　有经济实力的家庭，除了可以利用前面提到的一些常见的、易于操作的理财方式外，还可以进行房产投资理财。房产投资的回报期虽然较长，但其回报收益也相应较高，而且买房一般不会亏本，自家人还能住，一举多得。

6.1 为房产投资扫除障碍

> 一个家庭对风险性的控制要比单独一个人更严格，且能够接受的风险也更为有限。所以在进行房产投资理财时，首先要了解购房的一些注意事项和技巧，使家庭进行的房产投资更顺利。

1．选好房的八大小细节

普通家庭投资房产，没有太多时间去专门研究投资房产的收益，不像专业的房产投资客一样会利用各种经济手段来炒房。那么普通家庭做房产投资需要注意哪些细节呢？

■ 尽量避开投资客聚集区

投资客看重的或者聚集的小区及楼盘，其房价泡沫较大，有时提前透支的情况比较厉害，投资商可能在买房人付款没多久之后就将款项花完，给买房者造成付了款拿不到房的风险。另外，投资客聚集的小区或楼盘，一般入住率都比较低，配套和物业等不完善，生活不方便。买房者如果要将这样的房源出租或者出售就会很困难。

■ 观察房源区的居住人群

买房看邻居是当下比较流行的一种置业方式，"物以类聚，人以群分"，买房时关注大部分业主的收入和素质水准，以此来判断自家经济实力是否适合在此买房，或者自家现状是否能适应或喜欢这里的氛围。

■ 房源周边环境很重要

住房小区的绿化好，配套的健身设施等完善，可以有效舒缓紧张的城市生活带来的压力，并且净化越来越糟糕的空气，提高生活质量。而且这样的房源，在买房后进行出租或出售时也占有很大的优势，能吸引更多的人关注该房源。

■ 买房留一手

若你手中的钱能买 3 套房，那么最好买 2 套；够买 4 套房的买 3 套更合适。原因是当下楼市存在诸多不可预知因素，譬如加息。可能买房时计划得很好，每月月供多少，但央行加息了，你的房贷成本就开始增加，再还月供你就会感到压力。另外，手边有些余钱还可以防范未知的家庭支出，不至于因为遇到意外，使家庭开支陷入困境。

■ 定金缴纳要谨慎

购房者在缴纳定金和领认购书之前，最好要求开发商或其销售代理以书面形式列出首期需要缴纳的款项清单，购房者需仔细阅读，确认每一项收费的合理性。如果出现首期不应交纳的款项而又已经交纳定金，可尝试向消费者协会投诉。

■ 查看预售许可证

根据《商品房销售管理办法》及有关规定，涉及商品房销售，包括商品房现售和商品房预售等内容，进行预售的商品房必须符合相关条件并办理预售许可证。购房者须注意预售楼盘的预售许可证是否已经办理，以确保其销售的合法性。

■ 收房查看仔细

业主（买房者）在收到收房通知书后，应检查开发商是否能出示具备验收资格的证明，最基本的包括消防验收、单位竣工质量备案和规划验收。负责这三项的部门分别为消防、质监和规划等部门。如有疑问，可向相应部门反映。例如，楼盘的建设没有按小区规划图进行，可拿楼盘的预售证号到规划局查询其原有规划的情况。另外，购房者应实地考察单元内外环境是否完全符合合同规定，否则购房者有权拒绝收房。

■ 注重物业服务

物业管理差的小区，财产和人身安全没什么保证，而且物业管理差的小区有各种乱收费、侵占业主公共设施、加速电表水表转动等种种劣迹，了解这些差的物业小区，可从报纸、电视等大众媒体上获得消息，但凡被曝光过的小区都不是置业的首选。

2. 第一次购房需要注意的 5 个要点

家庭理财过程中，投资者投资房产时需要格外谨慎，尤其是第一次购房的人，由于经验不足，很容易"栽倒"在一些细节问题上。针对"看房"这一环节，投资者需要注意如下 5 个要点。

◆ **避免定金陷阱**：很多开发商都会推出房款折扣等优惠活动，但通常需要缴纳一定金额的定金。有些定金开发商是会退的，但有的在退时就会有各种理由。如果开发商要求交定金，必须看好定金合同。同时，还要区分定金和订金的区别。

◆ **识别抢房炒作**：开发商总会制造一些抢房氛围，让很多购房者集中到一个时间段来"抢房"，这样很多人为了"抢"到好的房号就会不加思考地去把房子"抢"到手。而且很多开发商在抢房前一刻才公布房价，所以看房时要保持清醒的头脑。

◆ **观看房屋面积**：有时看的样板间会因为装修效果显得房子很大，

所以看房买毛坯房（初装修房）的尽量拿未装修的房子做参考。

◆ **查看开发商口碑**：网上可直接搜索某楼盘信息或查找该楼盘开发商和楼盘是否存在负面信息，避免买到黑心开发商的房子。

◆ **看5证**：开发商要有这5本证书才有售房资质，包括《商品房销售（预售）许可证》《建设工程施工许可证》、《建设工程规划许可证》《建设用地规划许可证》及《国有土地使用证》。

理财人在第一次投资房产时，除了看房有讲究外，合同签订方面也有不容忽视的注意事项，如图6-1所示。

第一点 尽量找有买房经验的朋友或亲人一起去签合同
买房时根本没时间看合同，因为合同有很厚的一本，很少有人会耐心地一个字一个字去看，所以很容易被开发商钻空子。找买过房子的朋友一起去签购房合同，在阅读合同时可以抓住重点。

第二点 小心赠送面积的销售陷阱
有的房子会以赠送面积做销售卖点，例如，合同说赠送给购房者19平方米，加上原有的80平方米，总共就有接近100平方米。可除去公摊面积后，实地测量却只有85平方米。所以购房者对有赠送面积的购房合同一定要仔细阅读清楚，这有利于以后维权。

第三点 搞清楚交房时间和标准
看合同上是否有不符合交房标准要求的地方，因为这是以后收房的最重要依据，而且还要看交房时间，若超过这一时间开发商会做出什么赔偿。

第四点 仔细查看退房协议
在买房贷款下发过程中，有时会出现很多争议，特别是购买期房，在房屋建设当中会出现很多问题，所以买房人需要看退房协议一栏中开发商的规定。

图6-1 签订合同的注意事项

3. 购房时要清楚各种"面积"的含义

买过房子的人都知道，合同上面会涉及很多关于房屋面积的说明，不同的术语代表了不同含义的房屋面积，买房人如果不清楚其中的含义，很有可能被房产销售商钻了空子。那么购房时买房人具体会接触到哪些面积术语呢？如表 6-1 所示。

表 6-1　购房过程中遇到的"面积"术语

面积术语	详细含义
使用面积	套内房屋使用空间面积，以水平投影面积按以下规定计算：套内卧室、起居室、过厅、过道、厨房、卫生间、厕所、贮藏室和壁柜等空间面积的总和；套内楼梯按自然层数的面积总和计入使用面积；不包括在结构面积内的套内烟囱、通风道和管道井均计入使用面积；内墙面装饰厚度计入使用面积
墙体面积	墙体面积是套内使用空间周围的维护或承重墙体及其他承重支撑体所占的面积，其中各套间的分隔墙、套间与公共建筑空间的分隔墙以及外墙（包括山墙）等共有墙，均按水平投影面积的一半计入套内墙体面积。套内自有墙体按水平投影面积全部计入墙体面积
建筑面积	房屋外墙（柱）勒脚以上各层的外围水平投影面积，包括阳台、挑廊、地下室、室外楼梯等
销售面积	商品房按"套"或"单元"出售，其销售面积即为购房者所购买的套内或单元内建筑面积（即套内建筑面积，包括套内使用面积、套内墙体面积以及阳台建筑面积）与应分摊的公用建筑面积之和
产权面积	产权主依法拥有房屋所有权的房屋建筑面积。房屋产权面积由直辖市、市或县房地产行政主管部门登记确权认定的为准
预测面积	在商品房期房（有预售销售证的合法销售项目）销售中，根据国家规定，由房地产主管机构认定具有测绘资质的房屋测量机构，主要依据施工图纸、实地考察和国家测量规范对尚未施工的房屋面积进行一个预先测量计算的行为，它是开发商进行合法销售的面积依据
实测面积	指商品房竣工验收后，工程规划等相关主管部门审核合格，开发商依据国家规定委托具有测绘资质的房屋测绘机构参考图纸、预测数据及国家测绘规范的规定对楼宇进行实地勘测、绘图和计算而得出的面积，是开发商和业主交易的法律依据，是业主办理产权证、结算物业费及相关费用的最终依据
合同约定面积	商品房出卖人和购买人在商品房预（销）售合同中约定的进行买卖的商品房面积

整栋建筑物的共有建筑面积是整栋建筑物的建筑面积扣除整套建筑物各套套内建筑面积之和，再扣除作为独立使用的地下室、车棚、车库、警卫室、管理用房及人防工程等建筑面积后的剩余面积。

6.2 以房养房，轻松住新房

"以卡养卡"的说法可能是大众听得最多的，而拥有"以房养房"想法的人却相对较少。通俗点说，以房养房就是用其中一套房的租金来支付另一套房的房贷。下面就来详细了解以房养房的相关知识。

1. 出租．投资还是出售

"以房养房"有 3 种方式，一是出租旧房，购置新房；二是投资购房，出租还贷；三是出售或抵押，买新房。如果你的月收入不足以支付银行贷款本息，或是扣除支出后不足以维持每月的日常开销，而你却拥有一套可以出租的空房，且这套房子所处的位置恰好是租赁市场的热点地区，那么就可以考虑采用方案一，将原有的住房出租，用所得租金偿付银行贷款来购置新房。

如果手里只有一套房，又不想将每个月辛苦挣的工资大部分都拿来还贷，那么可以选择再买一套租价高、升值潜力大的公寓，这样可以用每个月固定的租金收入来偿还两套房子的贷款本息。

如果手里只有一套房，但是对其居住条件并不满意，那么可以将其出售，将获得的资金用来购买新房；如果怕卖了老房子又不能及时找到新房，则可以把老房子抵押给银行，用抵押得到的商业贷款先买房自住，这样可以不用花自己的钱就能住上新房。

目前用得最多的方法是第 2 种，购买一套中高档小区的商品房自住，再将原来居住的老房子出租，选择这种"以房养房"投资方式的市民也越来越多。有许多对房价的涨跌把握不太准确的人都会选择购买新房居住，再用老房子的租金来供新房的房贷，而不是直接出售原来的老房子。

但是出售房子也有好处，可以迅速获得大笔资金用于理财投资，然后再用理财投资赚的钱为新房还贷。两种方法都能缓解新房的房贷压力，主要就看理财人的喜好。下面对这两种方法进行一定的比较。

◆ **资金回收期**：出租房屋获得的租金用来还贷，资金回收期长，每月定时还贷；出售所得资金还贷，资金回收期短，可一次性将卖房子的钱握在手中。

◆ **对回收资金的利用自由度**：租金每月收一次，且很多时候拿到的租金会全部用于还贷，因此利用租金做其他理财投资的自由度不高；而出售房屋可一次性拿到价款，或者两三次就能收回全部资金，理财人就可利用这笔资金进行理财投资获取收益。

◆ **租金还贷风险比出售还贷低**：租金每月定期收取，一般不会存在亏损的情况，无法支付房贷的风险几乎没有；而将出售房屋的资金用于投资，可能会出现亏本，这样理财人会额外投入更多资金来还房贷。

◆ **房屋所有权**：出租房屋养房，被出租的房屋的所有权没有变动，仍然归出租人所有；而出售房屋后，房屋的所有权不再归原房主所有，而是归购买该房屋的人所有。

◆ **责任的重要程度**：出租房屋后，业主的责任并没有减少很多，房屋方面出现的问题，物管也会直接找业主而不是租房子的人；但如果业主将房屋出售了，那么如果房屋出现了问题，物管会找现有的业主而不是卖房子的原业主。

2. 如何计算以房养房投资收益

对普通老百姓而言，房产投资是一个家庭中重大的投资理财行为。既然是家庭重大事件，理所当然应该慎重考虑其中的收益，计算以租养房投资收益的主要方法如下所示。

投资回报率＝（税后月均租金－物业管理费）×12/购买房屋的单价

下面来看看房产投资回报率计算案例。

张先生家最近买了一套新房，平均4800元/平方米。为了缓解房贷压力，张先生将家里原来的一套空闲的老房子进行了出租，每个月能获得税后月租金1500元左右，而新房的物业管理费每月为110元，那么由此可以推算出张先生家"以房养房"的投资回报率为（1500 － 110）×12/4800元，即3.475，大于1，说明投资回报率还算不错。

这种方法是目前房产投资中最常用的，该方法考虑了租金与房价之间的相互关系，是选择"绩优房产"的简捷方法。但这种方法也有缺陷，没有考虑全部投入和产出，没有考虑货币的时间价值，并且对按揭付款方式不能提供具体的投资分析。

【提示注意】
绩优房产就是销售业绩良好的房源，销售业绩从侧面可以反映房屋的质量和受欢迎程度，为购房者提供买房依据。一般来说，投资回报率越高的房产越能说明是绩优房产。

计算以房养房的投资收益还有另一种方法，其计算公式如下所示。

投资回收年数＝（首期房款＋期房时间内的按揭款）/（税后月租金－按揭月供款）×12

这种方法类似于股市投资中的 K 线分析，考虑了租金、价格和前期主要投入等因素，但没有考虑前期其他投入和货币的时间价值，一般用来估算资金回收期的长短。这种方法比第一种方法更深入一些，适用的范围更广，但也有其片面性，并不是最理想的分析工具。

3. 新房装修省钱招数

理财人在购买了新房后，为了减少成本，可以在装修工作上下功夫，掌握一些新房装修省钱技巧，以期用最少的钱保证装修的高质量。

- 装修房子时，想要保证质量又要省钱，首先得做好准备工作，将装修需要的东西做好预算，最好能列出一份清单，这样可以避免装修过程中产生过多的浪费。

- 在请装修师傅或选择装修公司时，采取包工不包料的方式，买房人自己购买需要的大部分材料，可以选择在大品牌减价时购买，这样既能保证是正品，又能享受价格优惠；另外，在一些较偏远的大型建材市场往往有厂家直销点，常常能以较低的价格出售装修材料。

- 买房人还可在网上找到同城近期要装修房屋的群，大家组织在一起进行装修材料的团购，这样可以享受优惠折扣。这也是很多有经验的买房人常用的省钱招数，此类活动一般由专业的网络媒体组织，或者由小区团队组织。

- 买房人抓住商家"假期促销"的销售手段，在假期时购买装修材料可以得到优惠价格，因为这时基本上所有商家都在以成本价做促销活动。

- ◆ 很多高端的家具牌子都会在每年固定的时间（如周年庆）进行会员大特惠活动，有时商家会以 2~3 折的价格销售产品。一般以市中心为圆心，市中心到郊区距离为半径，半径越长的卖场，材料的价格会相对便宜。

- ◆ 一般来说，春秋季是装修的高峰季节，买房人可以选择在淡季采购装修材料，这样错峰购买建材可以避免商家故意抬高价格，能省去不少建材成本。

- ◆ 时间上有条件的买房人，可以提前半年订好装修时间，这样买房人就有充足的时间去各大市场"淘"建材。每个市场都有不定期的优惠活动，买房人逛建材市场次数越多，货比三家的效果就越明显，买房人买到物美价廉的建材的可能性也就更高。

【提示注意】

买房人不能为了省钱而不注意建材的品质，尤其是马桶和洗手盆等卫生洁具，以及地板砖等材料，最好是具有质量保证的品牌，因为劣质建材可能会对家人身体健康造成危害。

4. 防范养房风险

"以房养房"既然是一种理财方式，那么相应的就具有一定的投资风险。一是银行贷款利率调整，导致还贷额上升；二是房子老化或房产空置率提高，导致租金下降；三是家庭其他收入下降，导致出现还贷风险。

解决还贷额上升的风险问题，需要买房人控制好还贷额的占比。理财师建议，租金收入和家庭其他收入（如工资和存款利息等）的总和应大于还贷额与家庭正常开销的总额。在家庭收入和正常开销一定的情况下，租金收入越高且还贷金额越低，则家庭财务就会越安全。

为避免租金收入不稳定和物价贬值等带来的风险，房产投资者手中的房源不宜过多。因为房产也有"保鲜期"，要计提折旧，时间久的房产很可能落伍，租金和价值下降的可能性较大，所以手中房源太多，"以房养房"的风险就会越大。而且房产市场的供需关系也会影响租金收入，当房地产转为买方市场时（市场上买方的人的话语权更重），房产开发商就会大量抛售和压价出租，普通家庭的投资者将承担房价和租金双重下降的风险。

买房人在买房时最好不要"满仓"，通俗点说就是不能将所有闲置资金或家庭资产用于买房，手中需要留有足够的资金拿来应对家庭生活的突发状况，避免房产投资影响家庭正常生活。

总的来说，家庭理财人在投资房产时，要全面评估投资回报率，对以租养房的房产，应对其周边租金行情有充分的了解，包括是否有稳定的承租人以及周围市政规划等情况。同时，按揭贷款要确保具备稳定的还款来源，租金收入不能作为主要的还款来源，还要结合自身的收入情况，选择适宜的还款方式。

6.3 二手房也有投资价值

许多房产投资人会觉得二手房投资没有多大增值空间，原因之一就是再装修的成本过高。其实二手房在装修方面也有技巧，且在销售时也有一定策略来提高二手房的销售价格。

1. 售前，二手房哪些地方可以减少改动

为了使二手房也有投资价值，投资理财人可以从二手房的销售成本上

采取一定的措施，比如了解一些二手房再装修时可以减少改动的地方，从而减少装修成本，以提高二手房的销售利润。那么二手房改造过程中有哪些地方可以减少改动从而降低花费呢？如表 6-2 所示。

表 6-2　二手房改造可以减少改动的地方

减少改动的地方	解决的办法
厨卫瓷砖	厨房与卫生间瓷砖的费用至少能够占到主材费用的 10%，所以，若二手房原有装修的时间不长，厨卫使用的瓷砖没有出现大量空鼓或脱落，款式也并不落伍，就可以不用更换。将厨卫空间里的天花板等容易老化的部位用新材料进行更换，整个厨卫空间就会焕然一新
墙面处理	年限较长的二手房墙面大多会出现开裂，造成开裂的原因在于基层墙面的处理不当，如果墙面为容易落灰和掉粉的非耐水腻子，那么这样的墙面就需要重做基层处理，但如果原有的墙面为耐水腻子，则可以考虑采用局部贴布的方法防裂，贴布的费用大致为每平方米十几元
水路改造	对二手房来说，水路改造可谓是"大手术"，因此花费不少。一般来说，家装公司改造水路是按照明管与暗管区别收费，价格大致为每米 80 元及以上不等，所以尽量减少水路改造对降低整体装修费用大有帮助。而水路管道是否需要改造首先要检查现有水路的布局是否符合家庭成员的需求，若能满足即可保持现有水路的位置，然后再检查水路管道的材质，水路管道为镀锌管的，其管壁内会产生铁锈影响水质，且夏天还会"出汗"，管壁外侧会凝集大量水珠，若未进行防腐防潮处理，会导致墙体阴湿，所以可以考虑更换不生铁锈的管道
电路改造	电路改造同样是老房装修的重头戏，判断电路是否需要改造非常重要，不仅可节省装修费用，还能保障日后家庭用电安全。家庭的电路布局"兵分三路"，即开关、插座和大功率电器各走一路，如果老房电路是这种布局，则电路在总体上还算过关，可以另外在局部增加插座和开关满足用电需求。但是不同的电线线径其负荷量不同，所以选择卫生间和厨房电器一定要考虑其功率，比如卫生间要使用速热型电热水器，2.5 平方毫米的线径则远远不够。因此，在改造电路时一定要多与水电设计师沟通，尽量仔细考虑家庭成员的用电需求

　　除了表中列举的一些二手房可以减少改动的地方外，在装修过程中还有一些注意事项，比如不易更改的地方和需要重点监控的地方等，具体内

容如下所示。

- ◆ **卫生间排水不能随意更改**：一些老式卫生间是侧排水，这样的卫生间地面高度要远远高于客厅和卧室，一旦改动将影响卫生间的楼板结构，甚至会导致楼下住户的使用不便，所以这样的排水方式不能随意改动。同时，如果将蹲便式洁具改为马桶也需要重新做防水。

- ◆ **进行避水试验**：水路改造后，必须进行24小时避水试验，验证防水层是否完好。一般来说，淋浴间的防水层要比其他墙面的防水层高。即使没有进行水路改造也要检查防水层。而且二手房进行剔除瓷砖的步骤后也应重新进行避水试验。

- ◆ **电路改造的注意点**：电路改造过后，需要检查每个插座和开关能否正常使用，安装位置是否符合要求。

- ◆ **暖气管道的保护**：很多家庭会觉得暖气管道影响美观，所以会将管道用吊顶的方式包起来，但是在包暖气管道时需要留出足够的散热孔，让热气能够流出来，同时还能避免石膏板吊顶长期受到热气"烘烤"而出现开裂和变形。

- ◆ **砖混结构的房屋改造**：砖混结构是以小部分钢筋混凝土和大部分砖墙承重相结合的房屋结构，首先起到的是抗震承重作用，其次才是维护分隔作用。因此，没有特殊需要的情况下尽量不要打掉承重墙。

2. 二手房的"砍价"策略

理财人想要购买二手房拿来做投资的，降低购买成本可以相应提高投资收益。因此，买房人在购买二手房时一定要掌握一些"砍价"策略，为自己也为家庭节省投资理财成本。

■ 货比三家

老百姓过日子，讲究的就是经济实惠，买东西更是注重物美价廉。找房屋中介也是一样，多委托几家中介公司不仅可以得到更多的房源信息，而且可以使中介公司之间产生竞争关系，那么中介人员也会以最快的节奏和更低的价格来促成买房人和房主的成交。

作为买房人要注意两点：对购买二手房表现出强烈的愿望，使中介公司对你产生足够的重视；选择有口碑、有实力的中介公司为自己提供服务，保障买房人在购房过程中的合法权益。

■ 多看少赞

买房人多看房可以摸清市场，少赞美可以不让中介或者房主摸清自己的真实想法。事实上，大家对好房子的看法差不多都一致，买房人可以通过多挑毛病来表现出不太满意或不急于买房的心情，可以为日后的砍价做好铺垫。

■ 多和房主沟通

当买房人找到了比较满意的二手房后，要多与房主沟通，因为房主才是想把房子尽快卖掉的人。例如，中介公司在带你看房之前为房子报价102万元的话，你可以在与房主沟通时间这样一句话："100万元有点贵了，能不能再便宜一些？"这样做不但可以认清该房产在报价时中介公司有没有吃差价，而且有一定的"离间"成分，会让中介公司产生危机感，这样一来就比较好砍价。

■ 灵活"砍"中介服务费

中介服务费也是可以砍价的，现在中介公司为其服务所定的价格大致在总成交额的1.5%~3.0%，所以买房人应利用中介公司急于成交赚钱的心理将中介费压到最低，或者要求卖方也负担一部分的中介费用。例如，无论你在委托中介公司时谈好了什么比例的中介费用，在将要签署购房合同时马上提出降低费用的要求。通常情况下，这个要求会使服务费下降0.1%~0.2%。对于上百万元的成交总额来讲，也可以节省下一笔不小的费用。

3．怎样才能把二手房卖个好价钱

要想把二手房卖个好价钱，具体的步骤不能忽略，这些步骤可以引导卖房人将二手房卖个好价钱。

第一步做价格评估。给二手房确定一个合理的价位，评估时可以参考周边同地段、同面积和同档次的二手房销售价格，合理的价位让买房人没有讨价还价或者砍价的机会。

第二步确定价格。如果房主急于出售变现，可将价格订得比周边同地段、同档次和同面积的二手房销售价低一些，但不可过低，否则反而会使买家产生疑虑。如果不急于出售，在定价时就要考虑当地的房产增值速度，可以定一个稍高于当地二手房的销售价格或每隔一段时间就对价格进行一次调整。

第三步卖方准备身份证、房屋产权证和结婚证等文件，如果是公房还应由单位出具同意销售的证明，若是贷款未结清的房产要提供银行的贷款合同。资料齐全才能让买方安心买房，资料越完整越容易谈价。

第四步委托中介，签订委托协议。找信誉好、口碑好的中介，这些中介一般会从买卖双方的角度考虑问题，帮助买卖双方达到双赢。而房产委托协议中需要注明房屋的具体地址、门牌号、房屋基本状况、委托房价和委托期限等，并加盖中介公司的印章表示认可。这样增加买方对卖方的信任度，减少买方讲价的可能性。

第五步要做好清洁工作。房屋卖方将玻璃擦干净，把家具摆放整齐，进行一些适当的修补（二手房装修）。一个窗明几净、清新整洁的室内环境可以提高买家对房产的认可度并促成交易，同时还能适时抬高售价，让二手房也能卖个好价钱。

第六步配合买家看房。对来看房的买家提出的问题做一些简单明了的介绍，不必过分热情和急切。不与买家谈论房产的出售价格，因为那是签合同时要办的事，切忌随意更改房子的报价。对反复来看房的同一买家可进一步介绍该房屋的特点，不要对买家给房屋的批评有不满情绪，嫌货说明买房人对房子抱有期望。

第七步签署房屋买卖合同。当买方确定购买房产时应马上签署房屋买卖合同。卖方在合同中应注意定金的交付时间、剩余房款的交付方式和具体时间、办理产权过户的时间、交房时间、补充协议及买卖双方的违约责任等条款的细则。

第八步注销程控电话和网络。在房产买卖合同签署完后，原房主应结清该房产中使用的程控电话及网络费用并申请注销，不要与新房主进行原程控电话和网络的变更过户，这样比申请新装要麻烦很多。

第九步办理房屋产权过户手续。由中介公司指派专人协助办理房屋产权过户手续，买卖双方在提供了相关文件后只需亲临过户大厅进行过户认证签字就可以了。

第十步物业交割。卖方、买方和中介公司到所在小区的物业管理公司当面结清原房主应缴纳的物业费、供暖费、停车费、水、电和天然气等费用，并由物业或中介公司出具物业交割单，新房主与该物业公司签署物业服务协议。

4. 二手房卖高价，谈价技巧很关键

讨价还价是房产交易中不可避免的一个环节，很多时候卖方都不可能遇到一个一下子就接受售价的买家，那么要如何谈价才能让买家接受售价呢？如图 6-2 所示是一些谈价技巧。

报价别心急

报价也讲究时机，当发现买家在看房时表现出一种喜爱和愉悦情绪，那么报价就可报高一些，因为既然他们已经很喜欢房子了，自然对价格上的计较也就少一些。但若买家并没有表现出很喜欢这套房，那就得报低一些，也许他们会因为价格低就买下来。

让价要循序渐进

如果你在报价时报了一个相对较高的价格，那么在与买家谈价时可以一点点让价，而不是特别痛快地直接把最低价给出来，另外可以表现出很为难的样子，这样可以让买家真正觉得自己拿到了实惠。

摆出成本价

如果你已经让价很多，但买方依然觉得房子价格高，这时你就可以跟他算一下成本价，如房子本身的售价、附赠物品的价格、装修的价格、之前居住的时间里增值的部分以及以后可能增值的部分等，把这些大致计算一下，让买家明白当前价格确实已经是最低价，不能再让步了。

展示过往成交记录

有的买方认为价格高，不是因为他真的不能接受这个价格，而是他觉得你卖给别人的价格更低，所以这时你就可以向其展示以往的交易记录，让其明白给他的价格已经很优惠了。

灵活调整价格

二手房市场中要找到有意向的买家不容易，若价格合理可适当降低价格。比如，开价59500多元，最后将价格调整为57900多元，听起来像是降了2000多元，其实也就1000多元，但买家却很容易因此得到满足。

图 6-2　二手房卖高价的谈价技巧

6.4 小心买到小产权房

> 随着房地产生意发展的范围越来越广，很多类型的房产都在用于销售或者投资。但是老百姓要注意，在投资房产时最好不要买小产权房，因为其交易方面的限制很多，容易造成投资损失。

1．先了解什么是小产权房

小产权房是指在农村集体土地上建设的房屋，未缴纳土地出让金等费用，其产权证不是由国家房管部门颁发，而是由乡政府或村政府颁发，亦称"乡产权房"。"小产权房"不是法律概念，是人们在社会实践中形成的一种约定俗成的称谓。该类房产没有国家发放的土地使用证和预售许可证，购房合同在国土房管局不会给予备案。所谓产权证业不是真正合法有效的产权证。按照国家的相关要求，"小产权房"不得确权发证，不受法律保护。

农村宅基地属于集体所有，村民对宅基地只享有使用权，农民将房屋卖给城市居民的买卖行为不受到法律的认可与保护，即不能办理土地使用证、房产证和契税证等合法手续。因此，小产权房不能向非本集体成员的第三人转让或出售，只能在集体成员内部转让、置换。

国家合法产权证的房产叫"大产权房"，大、小产权房的关键区别在于土地使用权而不是房屋所有权。为什么会出现小产权房呢？具体原因如下所示。

◆ **城市房价过高**：由于经济社会发展不平衡，若干大城市的房价长期快速上涨，远远超出了当时当地一般就业人员的收入水平。与此同时，政府经济适用房和廉租房的建设无法满足消费者的住房需求。而小产权房的价格远低于城市房价，所以存在着大量且现实的购买群体。

◆ **法律规定模糊**：根据法律规定，在农村集体所有的宅基地和集体建设用地上，农民可自行经营，且农民自建的住房是可以进行交易的。这就导致了各地小产权房建设的泛滥，在合法与非法之间给小产权房留下了一个侥幸的空间。

◆ **农地制度不合理**：小产权房是农民集体自发在其集体所有的建设用地或宅基地上建设的房产，不需要缴纳类似开发商为获取土地交给政府的土地使用权出让金（其中包括由政府出面征收农民集体土地支付的征地费用），由村集体牵头开发，省去了基础设施配套费等市政建设费用和成本费。所以在这一开发过程中，农民集体通过出售小产权房获得的收益高于政府征收土地的补偿金额。这种有利可图的事给小产权房提供了"良好的"发展空间。

购买小产权房有什么风险呢？通过认识这些风险，提醒进行房产投资的人要谨慎投资房产。

◆ **法律效力风险**：发生在本乡范围内农村集体经济组织成员之间的农村房屋买卖，该房屋买卖合同认定有效；将房屋出售给本乡以外人员的，若取得有关组织和部门批准，可认定合同有效；将房屋出售给本乡以外人员，且未经有关组织和部门批准，若合同尚未实际履行或购房人尚未实际居住使用该房屋的，该合同应做无效处理。

◆ **转让风险**：小产权房只有使用权没有所有权，购买小产权房的人不能和原房主进行合法转让过户，因此对房屋的保值和升值有一定影响。

◆ **政策风险**：购买在建小产权房，购房人与开发商签订合同并交付房款后，若相关部门整顿乡产权房的建设项目，会导致部分项目停建甚至被强迫拆除。购房人会面临既无法取得房屋又不能及时索回房款的尴尬境地。购房后若遇到国家征地拆迁，由于乡产权房没有国家认可的合法产权，购房人并非合法的产权人，所以无法得到对产权进行的拆迁补偿，而作为实际使用人所得到的拆迁补偿与产权补偿相比微乎其微。

◆ **缺乏保障的风险**：对乡产权房的开发建设没有明确规定加以约束，监管存在缺位，同时开发单位没有资质，房屋质量和房屋售后保修难以保证，对购房者的利益有一定影响。

2.5 证齐全才是规范商品房

所谓的 5 证即《国有土地使用证》《建设用地规划许可证》《建设工程规划许可证》《建设工程施工许可证》及《商品房销售（预售）许可证》，5 证齐全才是规范的商品房，其交易才受法律保护，缺一不可，否则很可能被界定为小产权房。5 证的具体含义如表 6-3 所示。

表 6-3　5 证的具体含义

证书名称	含义
国有土地使用证	证明土地使用者（单位或个人）使用国有土地的法律凭证，受法律保护
建设用地规划许可证	是建设单位用地的法律凭证，没有此证的用地单位属非法用地，房地产商的售房行为也属非法行为，不能领取房地产权属证件
建设工程规划许可证	确认有关建设工程符合城市规划要求的法律凭证，没有此证的建设单位，其工程建筑是违章建筑，不能领取房地产权属证件

续表

证书名称	含义
建设工程施工许可证	是建筑施工单位符合各种施工条件和允许开工建设的证明，是进行工程施工的法律凭证，也是房屋权属登记的主要依据之一
商品房销售（预售）许可证	允许房地产开发企业销售（预售）商品房的批准文件，没有这一许可证的房屋销售行为不被法律承认

购房人如何规避买到小产权房呢？可以通过签署购房合同、查看5证、去房管局查验房源备案以及确认是否可按揭贷款，就能判断出所购房屋是否为小产权房。

3．已经购买了小产权房该怎么办

如果已经购买了小产权房，因国家不会发放产权证，这将导致以后出现对购房者一系列不利的后果。那么应该如何最大限度来维护小产权房购买者的合法权益呢？具体内容如下。

◆ 若已签定合同但未取得产权证明，且该房屋在集体土地上建设，购房者非当地居民，鉴于可能的政策风险和法律风险，可以请求解除合同并退回已支付的购房款。

◆ 若已经购买了集体土地上建造的房屋并取得了当地乡政府颁发的产权证明或土地使用证明的，可以自己居住、出租或者出售给有当地户口的居民。

◆ 若是在建的集体建设用地上的商品住宅项目，在委托专业机构评估市场风险和法律风险之后，应当按照现有的土地管理规范完成土地征用手续，并按照商品住房项目的规定手续报批，采取可能的补救措施。

.07
. PART.

适合理财
的保险

教育金
保险

保险技巧
与陷阱

社保卡的
活用

保险为理财筑起屏障

现在针对家庭的保险品种一般都是保障型的，部分保险产品可使购买保险的人在受保期限过后还能收回之前投入的保费。这样不仅给投保人在受保期间提供了保障，还能在受保期过后拿回本金，对投保人来说真正为家庭理财筑起了坚固的屏障。

7.1 适合理财的保险

目前市场上，有部分在保险到期后本金还能增值的保险产品。而人们愿意购买保险的原因之一是因为其具有令人心动的收益或回报，因此保险也逐渐成为家庭理财计划中的一部分。

1. 如何给家里的"顶梁柱"规划保险

不同家庭结构中的顶梁柱，其投保的思路不同，并且不同年龄段的顶梁柱也会有不同的投保策略。

■ 不同家庭"顶梁柱"要如何投保

家庭结构会直接影响家庭抵抗风险的能力，而抵抗风险的能力会决定投保的偏好和方式。

◆ **单亲或单薪家庭**：这类家庭抵抗风险的能力较弱，在投保时有两个要点，一是必须配置社保，它能帮助劳动者及其家人和亲属在遭遇年老、疾病、工伤、生育或失业等风险时，防止收入中断或减少，以保障其基本生活需求；二是顶梁柱优先投保，此时的顶梁柱是家庭收入的唯一来源，一旦顶梁柱发生意外，整个家庭将受到毁灭性打击。

◆ **有债务的家庭**：优先考虑顶梁柱，重点投保意外伤害险、重疾险和养老险。另外配置家庭收入险，当被保险人（顶梁柱）在保险期内死亡，健在的配偶可按照合同约定按月领取收入保险金，用以满足日常消费及培养子女等刚性需求。在保险期间内，被保险人死亡的时间越晚，保险公司按月支付的时间越短，应付保险金总额将逐渐减少。某些保单规定，只要被保险人在保险期间内死亡，收入保险金的给付期限不低于保证的最低年限。

◆ **富足家庭**：为了打破"富不过三代"的"魔"语，这样的家庭适合给顶梁柱购买大额人寿保险，可以保全资产并安全传承，不让未来遗产税拿走过多的财产。

■ 不同年龄段的"顶梁柱"怎么购买保险

市场上的商业保险，除了意外险（包含意外身故、残疾、意外门诊及意外住院）可延长到 80 岁投保外，一般到 65 岁后就不可投保，所以在为顶梁柱投保时要特别注意。如表 7-1 所示是不同年龄段的"顶梁柱"购买保险的策略。

表 7-1　不同年龄段的"顶梁柱"的保险方案

年龄段	购买保险方案
30~40 岁	意外险 + 重疾险 + 附加交通险。此年龄段的顶梁柱要为事业打拼，常常身心疲惫，在经济上压力很大，应首选保费低且保障高的意外伤害险。根据保额的不同，一年保费最低只有几十元，最高不超千元，可以涵盖意外身故、残疾以及住院津贴等，投保很实惠，可以确保意外风险发生后不会影响小家庭的稳定。如果手头宽裕，也可购买返还型的重疾险，出险可以获得理赔，即使不出险，满期也能拿回保费和部分理财收益。此外为防范交通或驾乘意外可附加购买交通意外险，提高意外保障力度
40~50 岁	指意外险 + 健康险 + 终身型寿险。此年龄段的顶梁柱，一般工作稳定，收入状况良好，但"上有老，下有小"，面临的生活压力和社会压力较大，体力普遍透支，且有理财的需求。所以购买意外险和健康险的同时，要考虑具有长期投资回报、可灵活支配特点的终身保障型险种，如商业养老保险或分红年金型养老险等。这类产品一般具有按月固定年金给付、规定期限保证领取、现金分红抵御通胀和身故保障逐年递增等特点。根据个人情况，可选 10 年或 20 年的缴费期限，而且养老险越早买越划算

续表

年龄段	购买保险方案
50 岁以上	意外险＋老年险。50 岁左右的顶梁柱，如果年轻时已投保了重疾险和养老险等，这时的缴费年限已剩不多，马上可以领取保险金了。如果年轻时没有购买重疾险和养老险，这时也不提倡子女为其购买，因为大多数保险产品都对投保人年龄有限制，年龄越大，所要缴纳的保费越高，这个年龄段买保险可能出现缴纳的保费比领取的保险金要高的"倒挂"现象。这时可以通过两种方式增强保障，一是为顶梁柱购买针对中老年人的意外险，防范意外风险；二是子女为自己投保时，将"老爸老妈"指定为受益人，既让爸妈少为自己担心，又给爸妈增加一份保障。另外还可购买"长期护理险"等老年保险产品

■ 根据保险重要程度为顶梁柱选保

首选意外保险，顶梁柱是一个家庭中工作和生活压力最大的人，为了防止其不堪重负影响家庭，意外险是必需的。对于长期出差的人来说，可以考虑买 1 份一年期交通综合意外保险，保额一般在 10 万 ~50 万元。也可选择投一份综合意外险，保费通常每年仅 200 元左右，保额 10 万 ~30 万元不等。也就是说每年只需交纳几百元保费，就能拥有较大额度的意外保障，能够极大程度地消除在路途中的后顾之忧。万一因意外身故或意外伤残致失去工作能力，家庭收入也不会受到太大影响。

其次，建议购买重大疾病终身保险。随着年龄的增长，工作和生活压力的增大，人的身体功能在下降，患大病重病的风险也在增加。而面对越来越高额的医疗费用，特别是重大疾病，有可能对家庭财务带来巨大风险，因此，为家庭"顶梁柱"投保重大疾病保险也是必不可少的。虽然很多中年顶梁柱在单位都交纳了社会保险，但报销范围还是有一定限度。而且，中年时投保重大疾病保险，保费并不太高。保费控制在年收入的 15%~20% 最佳，保障额度是个人年收入的 5~10 倍。

再者就是选择储蓄性保险。除了基本的保障功能外，还有储蓄功能，若在保险期内不出事，到约定时间保险公司会返还一笔钱给被保险人。但不要买保期过长的储蓄性险种，一般 5 年左右就可以了。

若还有财务余力，可适量购买理财返还型险种。另外，购买足额的重疾和意外保障，保额至少要维持家庭 5 年的生活费用，才能较好地起到保障作用。

2．鸿运英才少儿险，出生到结婚一单解决

平安鸿运英才少儿险是中国平安保险公司出品的一款少儿保险。基本信息如下所示。

- ◆ **投保年龄**：0 周岁（出生满 28 天且已健康出院的婴儿）到 10 周岁。
- ◆ **保障期间**：合同生效日到 25 周岁的保单周年日。
- ◆ **交费期间**：8 年。
- ◆ **交费方式**：年交 / 月交（保单可贷款）。
- ◆ **保险金额**：3 万元、5 万元、10 万元、20 万元及 30 万元。
- ◆ **犹豫期**：10 日。在此期间，投保人可以提出解除保险合同，平安保险公司将无息退还支付的全部保险费。
- ◆ **保单配送**：保单由快递公司专人送达到投保人手中，支付方式可用信用卡、网银和快钱等多种形式，而且登录平安官网一账通账户可即刻查看到保单信息以及支付状态。

鸿运英才少儿险提供的主要保障有高中教育金、大学教育金、身故保险金、分红累积生息红利及意外伤害医疗保险。

高中教育金每年领取基本保额的 20%，在 15、16 和 17 岁连续 3 年的保单周年日领取保险金。

大学教育金每年领取基本保额的 40%，连续领 4 年，或者还可每万元保额对应领取 15000 元左右的保险金，在 18 岁的保单周年日一次性领取。而婚假创业金在 25 周岁保单周年日时一次性领取基本保额的 100%。

身故保险金，投保人遭遇意外身故或全残，免交剩余保费，但保障继续有效，即"保费豁免，关爱延续"。

意外伤害医疗保险金，一般要追加购买了意外伤害医疗保险的投保人才享有，被保险人因遭受意外伤害并进行治疗，其事故发生之日起 180 日内实际支出的医疗费用中超过 100 元部分可进行理赔。

分红累积生息红利，红利留存在保险公司，按每年确定的利率储存生息，并于投保人申请或主险合同终止时领取。

3．疾病保险，减轻看病负担

疾病保险是对被保险人因疾病、分娩引起的收入损失、费用支出或因疾病、分娩所致死亡、残废，保险人按照保险合同规定承担给付保险金责任的保险。

疾病保险的责任范围有工资收入损失、业务利益损失、医疗费用、残废补贴及丧葬费和遗嘱生活补贴。疾病保险一般不包括因意外伤害所致的各项损失。比较有名的重大疾病保险有：平安尊享安康、中国人寿的大病保险精选组合、中国太平的太平关爱 E 生重疾险、招商信诺的 105 种疾病保障以及平安康寿宝等。

疾病保险和医疗保险都属于健康保险，都以被保险人的健康为保险标的，但它们还是有着很大的区别。如图 7-1 所示。

第一点	保障范围不同

疾病保险主要针对那些会威胁到生命或花费比较大的重大疾病；而医疗保险保障范围从一般的阑尾炎到癌症都在医疗保险保障范围内。

第二点	赔偿标准不同

疾病保险是定额赔付，只要被保险人患了合同规定的重大疾病，保险公司立即按照保险金额赔付。如保额20万元，保险公司就赔偿20万元；而医疗保险是按实际所花医疗费来赔付。比如保额1万元，住院花费5000元，保险公司可能会赔偿4000元（实际费用的80%）。

第三点	保险期间不同

医疗保险的期间只有一年。投保后若一年内没有住院，那么保险合同就终止，要想继续得到保障，就得再交钱续保；而疾病保险的保险期间一般都在20年以上，有些甚至是终身型的。

图 7-1 疾病保险与医疗保险的区别

中国的疾病保险待遇包括疾病补助金和疾病救济金两项。其中，企业职工和国家机关或事业单位的职工的赔付情况不同。

企业职工因病停止工作，连续病休在 6 个月以内的，按其连续工龄的长短，发给相当于本人工资的 60% ～ 100% 的疾病补助金；连续病休在 6 个月以上的，按其连续工龄的长短，发给相当于本人工资的 40% ～ 60% 的疾病救济金。

国家机关或事业单位的职工，病休在两个月以内的，发给原工资；病休超过两个月的，从第 3 个月起，工龄不满 10 年的，发给本人工资的 90%，满 10 年的，发给原工资；连续病休超过 6 个月的，从第 7 个月起，工龄不满 10 年的，发给本人工资的 70%，满 10 年的，发给 80%。

4. 年金保险，中老年人养老经

年金保险是指在被保险人生存期间，保险人按照合同约定的金额和支付方式，在约定的期限内，有规则地、定期地向被保险人给付保险金的保险。

年金保险同样是由被保险人的生存为给付条件的人寿保险，但生存保险金的给付通常采取按年给付的方式，所以叫年金保险。年金保险有如下几个特点。

◆ 年金保险可以有确定的期限，也可以没有确定的期限，但均以被保险人的生存为给付条件。在年金受领者死亡时，保险人立即终止支付。

◆ 投保年金保险可以使晚年生活得到经济保障。人们在年轻时节约闲散资金缴纳保费，年老后就可以按期领取固定数额的保险金。

◆ 投保年金保险对年金购买者来说是非常安全可靠的。因为保险公司必须按照法律规定提取责任准备金，且有保险公司之间的责任准备金储备制度保证，即使投保客户所购买年金保险的保险公司停业或破产，其余保险公司仍会自动为购买者分担年金给付责任。

◆ 是以被保险人生存为给付保险金条件，按保险合同约定分期给付生存保险金，且给付间隔一般为一年（含）的人寿保险。

年金保险主要有两种，个人养老保险和定期年金保险。除此之外，还有其他一些年金保险，下面分别来了解这些年金保险的具体内容。

■ 个人养老金保险

个人养老保险是一种主要的个人年金保险，年金受领人在年轻时参加保险，按月缴纳保费，直到退休日为止，从达到退休年龄次日起可领取年金，直至死亡。年金受领者可以选择一次性给付或分期给付年金。如果年金受领者在达到退休年龄之前死亡，保险公司会退还积累的保险费（计息或不计息）或现金价值，根据金额较大的计算而定。在积累期内，年金受领者可以终止保险合同，领取退保金。一般保险公司对个人养老金保险有如下承诺。

◆ 被保险人从约定养老年龄(如50周岁或60周岁)开始领取养老金，可按月领也可按年领，或一次性领取。按年领或按月领的人，养老金按一定年限（如10年）给付，若在这一年限内死亡，受益人可继续领取养老金至年限期满。

◆ 如果养老金领取一定年限后被保险人仍然生存，保险公司每年按一定比例给付递增的养老金，一直给付到死亡。

◆ 交费期内因意外伤害事故或因病死亡，保险公司给付死亡保险金，同时终止保险合同。

■ **定期年金保险**

定期年金保险与个人养老金保险不同，投保人在规定期限内缴纳保险费，被保险人生存至一定时期后，依照保险合同的约定按期领取年金，直至合同规定期满时结束领取。如果被保险人在约定期内死亡，则在被保险人死亡时终止给付年金。

■ **联合年金保险**

联合年金保险是以两个或两个以上的被保险人的生命作为给付年金条件的保险，主要有联合最后生存者年金保险及联合生存年金保险两种。联合最后生存者年金是指同一保单中有两人或两人以上，只要还有一人生存就继续给付年金，直至全部被保险人死亡后才停止。它非常适用于一对夫妇或有一个永久残疾子女的家庭购买。这一保险产品与相同年龄和金额的单人年金保险相比，需要缴付更多保险费。而联合生存年金保险则是，只要其中一个被保险人死亡，就停止给付年金，或者随之减少一定的年金给付比例。

■ **变额年金保险**

这是一种保险公司把收取的保险费计入特别账户，主要投资于公开交易证券，并且将投资红利分配给参加年金的投保者，由保险购买者承担投资风险，保险公司承担死亡率和费用率，具有变动风险的保险。

投保人购买这种保险，可以获得保障功能，还能以承担高风险为代价得到高保额的返还金。因此购买变额年金类似于参加共同基金类型的投资，现在的保险公司还向参加者提供多种投资的选择权。由此可见，购买变额年金保险可看作是一种投资，专门对付通货膨胀，是投保者能得到稳定的货币购买力的保险产品。

消费者购买年金保险应首先考虑带有分红功能的年金保险产品，另外在购买年金保险时需要注意一些问题。首先，领取方式有定额、定时和一次性趸领 3 种，趸领是被保险人在约定领取时间，把所有的保险金一次性全部提走的方式；定额领取则是在单位时间确定领取额度，直至被保险人将保险金全部领取完毕；定时领取则是被保险人在约定领取时间，根据保险金的总量确定领取额度。

其次，为避免被保险人寿命过短损失养老金的情况，不少养老险都承诺 10 年或 20 年的保证领取期，未到领取年限就身故可将剩余未领取金额给予指定受益人。一些侧重于养老功能的年金保险产品，每年领取金额较多，也有保证领取年限的规定。

最后，要慎重选择即缴即领型年金保险产品。年金保险的领取时间较灵活，起始领取时间一般集中在被保险人 50 周岁、55 周岁、60 周岁和 65 周岁 4 个年龄段。但即缴即领型年金保险因为缺乏资金积累时间，产品现金价值较低，通常要很长时间才能返本。

5. 投资连结险，安心享收益

投资连结险简称投连保险，也称单位连结或变额寿险。顾名思义就是指保险与投资挂钩，一份保单在提供人寿保险时，任何时刻的价值根据其投资基金在当时的投资表现来决定。

投资连结险设有保证收益账户、发展账户和基金账户等多个账户，每个账户的投资组合不同，收益不同，风险也不同。投资连结险的收益或亏损由投保人自己承担，所以该类保险适合具有理性投资理念、追求资产高收益且具有较高风险承受能力的投保人。

投资连结险保障的范围和程度等因具体产品而异。有的险种除了提供意外与疾病身故保险金和全残保险金外，还有其他服务项目，如保证可保选择权和豁免保险费等。可保选择权是指投保人在保单生效后可根据实际需要，在规定允许的范围内增加投保一份或多份保险，且无须进行体检；豁免保险费是指在保险期间内，如被保险人因疾病或意外伤害事故丧失劳动能力，将可享受免交保险费的待遇，而所有的保障内容均不受影响。

对投保人来说，投资连结险有其优势和劣势。保险公司依据资金实力和专业投资人才进行投资，比投保人自身投资更稳健。如果保险公司经营好，投保人将获得比普通寿险更多的收益。但投连保险比普通寿险的利息波动大，甚至会出现亏损，并且有些保险公司还会克扣利息。

7.2 教育金保险

> 教育金保险就是大家熟知的教育保险，也称为子女教育保险。它是一种储蓄性保险，同时也属于定期年金保险，存一定期限后可附加少儿意外险，支持随时存入，但取出时间均为子女成年后。

1．"保费豁免"功能

教育金保险的保险对象为 0 周岁（出生满 28 天且已健康出院的婴儿）到 17 周岁，有些保险公司针对的是出生满 30 天到 14 周岁的少儿。非终身型教育金保险是最典型的教育金保险，通常在孩子高中和大学时返还保险金；而终身型教育金保险是几年一返还的，年老时还可以转换为养老金，分享保险公司长期经营结果，传承家庭财富。

教育金保险最突出的特点就是"保费豁免"功能，它是指一旦投保的家长遭受不幸，身故或全残，保险公司将豁免所有未交的保费，但子女还可以继续得到保障和资助。

很多投保人通过估算，觉得购买教育金保险获得的收益没有做其他投资的收益高，然后就会退保。但是因为人们不能预测自己的生死，所以如果遇到投保人刚退保就死亡或全残，那么在相同的时期内，做其他投资所获的收益很可能少于购买教育金保险所获的收益，这样投保人就可能追悔莫及。

教育金保险也有理财分红的功能，能够在一定程度上抵御通货膨胀的影响，所以中等偏低收入家庭最好还是选择教育金保险。

2．购买教育金保险要注意什么

购买教育金保险时，很多细节问题需要投保人注意，防止教育金保险的投资理财功能失效。

◆ **先保障安全后教育**：很多父母花大量资金为孩子购买教育金保险，却不购买或疏于购买意外保险和医疗保险，将保险的功能本末倒置。所以，为孩子投保的原则应该是先解决孩子的生命保障问题，再谈教育保障问题。

◆ **确保产品具有保费豁免功能**：有了保费豁免功能，就可以在投保人身故或全残时，不用再缴纳保费而子女依然享受保障和资助。

◆ **约定好教育金的返还时间**：在九年义务教育的社会环境下，大学的教育成本是一个家庭的巨大开支，如果教育金的返还时间越早，则账户中的资金也越少，到了孩子上大学时，保额也会相对减少。因此一般家庭应将教育金的返还时间集中在孩子的大学阶段。

◆ **小心流动性风险**：教育金保险的流动性较差，而保费通常又较高，资金一旦投入，需按合同约定定期支付保费给保险公司，属于一项长期投资。虽有分红功能，但投保者也不要过分追求高收益。

◆ **适合尽早购买**：越早购买教育金保险，享受的保险期间越长，且更容易获得较好的收益。一般晚于 12 岁可能就没有适合的教育金产品了。

◆ **不同时期不同组合**：投保人可以在子女小学 4 年级前采用教育金保险做教育规划，在小学 4 年级后采用"教育保险＋教育储蓄"的组合方式，达到保障和投资的双重效果。

3. 家有"智能星"，学费不操心

"智能星"是平安少儿保险中一个有名的保险产品，适合的人群为 0~17 周岁。在孩子漫长的人生中，教育储备和保险保障，甚至是创业资金，这些事情对资金的需求同等重要，但在不同的人生阶段侧重点不同，智能星灵活领取的特征可以更好地契合孩子不同阶段的需求，帮助孩子安稳享受人生。下面来看看如何在平安保险官网预约咨询"智能星"。

Step01 进入"中国平安"官网（http://www.pingan.com/index_b.shtml），将鼠标光标移动到"保险"选项卡处，单击"少儿险"超链接。

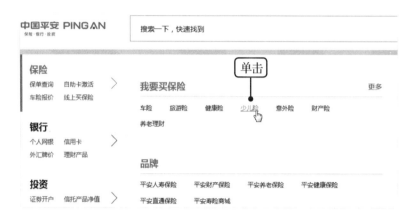

Step02 滑动鼠标中键，向下浏览页面，找到"平安智能星教育金保险计划"，单击标题超链接或产品右侧的"查看详情"按钮。

Step03 在新打开的页面中可以查看该保险的详情，单击页面右侧的"预约咨询"按钮。在打开的对话框中选择相应的选项，这里选择"我未购买过平安寿险保单"选项。

Step04 在新的对话框中填写客户手机号码或业务代码，然后按照提示完成预约咨询。

这种预约咨询除了可以指定代理人外，还能通过设置地区、代理人年龄及性别找到相应代理人。智能星与鸿运英才少儿险优点类似，但两者在细节处也是不同的，具体情况可通过平安官网查看其区别。

7.3 保险运用技巧与"陷阱"都要学

> 很多愿意买保险的人都意识到了保险的好处，而这些好处就是保险能给投保人带来的收益。用好保险可以享受收益，提防陷阱能帮助投保人减少损失，因此都有学习的必要。

1. 7个步骤搞定汽车保险理赔

车主们可能也意识到这样一个事实，自己就算再小心谨慎，也难免会遭到其他车主的"围堵"而发生擦碰。解决汽车事故的保险一般统称为汽车险，当事故发生时，车主除了要冷静应对外，还要知道如何降低自己的损失，这就需要清楚汽车保险的理赔流程，如图7-2所示。

第一步　　出险报案

发生事故，无论是车撞车、车撞人还是其他，要立刻进入保险理赔流程。保险公司一般要求在事发48小时内必须报案，包括向公安机关报警及拨打保险公司的理赔电话，错过了时间保险公司可能拒绝理赔。

第二步　　处理现场

为了避免影响交通，有些情况下可以在标记轮胎位置后移动车辆，通常用"T"标记轮胎位置。

第三步　　提出索赔请求

保险公司勘察员到达事故现场，车主提出索赔请求并等待勘查结果。

第四步　　结案

保险公司勘察员判定是否属于保险责任，若是，则根据损失部位痕迹和程度进行初步定损。

第五步　　提交材料

向保险公司提交索赔所需的全部材料，保险公司审核。

第六步　　索赔审核

索赔材料的真实性和完整性审核通过后，保险公司进行保险理赔金额的准确计算和索赔的内部审核工作。

第七步　　领取理赔款

保险公司计算出保险理赔金额，当通过了内部审核后，车主就可以拿到汽车出险理赔款。

图 7-2　汽车保险理赔流程

　　不同的保险公司，其汽车保险理赔的程序有一定的差别，车主可以在购买汽车保险的时候详细咨询。

2. 交通出险，如何快速拿到钱

　　开车刮蹭是行车中最常遇到的情况，当交警认定为同等责任时，车主如何处理保险可尽快拿到修车钱呢？在赔付方式上一般有3种，互碰互赔、互碰自赔及各自修车。一般车损在 2000 元以下的都走互碰自赔的方式，即自己赔自己；而各自修车的方式必须要求出险双方在同一个保险公司购买车险。用得最多的是互碰互赔，即各自向对方进行损失赔付。下面来看一个具体的案例。

假设甲乙撞车了，交警认定为双方同等责任，那么同等责任就是 50/50 吗？实际上并非如此，如果保险公司给甲定损 3000 元，给乙定损 5000 元。一般情况下大家都会认为甲将得到自家保险公司赔偿的 3000 元，而乙将得到自家保险公司赔偿的 5000 元。

根据互碰互赔（按责赔付）方式，甲能得到的赔偿是 2000 元（乙方保险公司赔付的交强险）、500 元（乙方保险公司赔付的商业险）和 500 元（自己保险公司赔付的商业险）共计 3000 元。而乙得到的赔偿是 2000 元（甲方保险公司赔付的交强险）、1500 元（甲方保险公司赔付的商业险）和 1500 元（自己保险公司赔付的商业险）共计 5000 元。

由上述案例可知，车主除了拿到自家保险公司赔的钱外，还需要向对方保险公司拿回大部分的赔偿款。所以，要想尽快拿到赔偿款，就要在勘察员勘察事故现场，决定互碰互赔后，积极与对方车主交谈，要与对方进行良好的沟通，这样能提高快速拿到赔偿款的可能性，否则后续的收尾工作会非常多，很可能造成赔偿款拖欠，不能及时拿到的窘境。

3. 分红保险的三大陷阱

分红型的长期储蓄类保险确实有保本、抗通胀和高收益等特点和优势，但不能排除部分销售人员为了让产品更有吸引力而夸大分红险优势的情况出现。因此，投保人要警惕分红保险的三大陷阱。

■ 陷阱一：分红保单投资报酬率被夸大

假设分红保单预定利率为 2.5%，如果按中等分红水平 3%~4% 计算，认为长期年均收益率可以达到 6% 左右。其实，预定利率和分红利率与作为分红保单的投资报酬率是不对的。分红险的预定利率的确是固定的，但每年的分红率是波动的，且是没有保证的，甚至有时会是负数。

■ 陷阱二：分红险绝不赔钱

分红保险是保本产品，因此能保证永远不赔钱，这样的想法并不完全正确，分红保单有预定利率的最低保证，且它的下限利率规定不得为负值，所以这类商品在某种程度上算是稳健的 100% 保本商品。但和很多理财产品一样，分红险的保本也有其前提条件，一般要求持有该保单一定年限，若提早解约，特别是在保单生效后三五年内就提前退保，那很可能会亏本，在投保后两三年内就解约，亏损额度更大。

保险公司销售一份保险会产生很多费用，如营销费用、管理费用和其他财务费用等，这些费用通常都会在一份保单投保后的前 3 年或前 5 年内提取，并且会通过收取保险费用的方式来进行支付。若投保者在前几年就解约，保单价值准备金扣除相关各类费用后的金额，通常就会小于所缴保费，也就是平常说的"现金价值"（退保时能从保险公司领回的钱）会小于已缴保费，投保客户就会有本金上的损失。所以，如果是短时间内就要动用的资金，就不适宜用来购买这类保险产品。

■ 陷阱三：分红保单一定抗通胀

由于每年都会有一定的分红，加上内含一定水平的预定利率，因此分红险可以达到打败通货膨胀率的效果。事实上，并不是所有分红保单都有对抗通胀的能力，关键在于分红率，看它能否超越 CPI，能超越 CPI 就能对抗通胀，不能超过就很难对抗通胀。

7.4 社保卡的活用

> 随着社会福利越来越好，老年人的退休生活越来越能够得到较好的保障。常听人说起的社保卡，也跟着时代的步伐不断创新，不只是传统地用社保卡就医，还能使用社保卡理财，为家庭理财计划出一份力。

1. 行走在生活中的社保卡

社保卡一般指社会保障卡，它由人力资源和社会保障部统一规划，由各地人力资源和社会保障部门面向社会发行，是用于人力资源和社会保障各项业务领域的集成电路（IC）卡。

社保卡从持卡人类型来看，可分为两类，即面向城镇从业人员、失业人员和离退休人员发放的社保卡（个人），以及面向用人单位发放的社保卡。一般我们所说的社保卡就是个人社保卡。

社保卡可以记录持卡人的社会保险缴费情况、养老保险个人账户信息、医疗保险个人账户信息、职业资格和技能、就业经历、工伤及职业病伤残程度等。社保卡除了有办理各项社保事务的功能外，还逐渐发展了金融功能，如现金存取、转账和消费等，可当银行卡使用。

符合申领条件的人员可通过电话向申领网点预约，或直接前往街道（镇）社会保障卡申领服务网点申请办理社保卡（包括学籍卡）。申领时需携带身份证、户口簿和申领表（集体户口市民需要携带户籍所在地警署或派出所开具的户籍证明）等相关资料。

已领取社保卡的参保人不慎将社保卡丢失，该如何补办呢？参保人需通过单位到参保地的区县社保中心办理补领卡手续，单位需同时提供参保人员的医保手册(蓝本)，区县社保中心将为其同步更新社保卡的卡内信息。

2．比普通卡少"5费"，给钱包减减负

社保卡有两个账户，一个是社保账户，一个是银行账户。银行账户就相当于一张玫瑰卡，具备玫瑰卡的全部功能，资费功能也与玫瑰卡相同。

【提示注意】

玫瑰卡是盛京银行发行的，集定活期、多储种和多功能于一卡的银行卡。具体有一卡多户、通存通兑、自助转账、刷卡消费、ATM机取款、自助存款、电话银行、自助缴费、代理业务和贷款融资等功能。

所以在使用社保卡的金融功能时，与其他银行的普通借记卡相比，少了5项费用：同城跨行ATM取款手续费、小额账户管理费、短信对账费、开卡费和年费。但目前银行卡可以申请取消年费和小额账户管理费，所以实际上社保卡比普通借记卡少3种费用。银行ATM取款费普遍为每笔两元，短信对账普遍按每月两元收取，开卡费大致为5元，若频繁跨行转账就会产生一笔很大的手续费。而使用社保卡有效规避了这些收费，给持卡人的钱包减了负。

3．社保卡里的钱可以取啦

社保卡中包括了养老金、医保、失业保险、生育保险和工伤保险，其中，生育保险和医疗保险正在逐步合并。那么关于医保有怎样的使用规定呢？具体内容如下所示。

◆ **使用范围**：两定点（定点医院和定点药店），三目录（覆盖项目

包括药品、诊疗项目和服务设施目录）。

◆ **起付线**：统筹地区员工年平均工资的 10% 左右。

◆ **共付制**：医疗费用由社会统筹账户和个人共同分担。

◆ **封顶线**：社会统筹最高支付限额，一般控制在统筹地区员工年平均工资的 4 倍左右。各地封顶线每年都会有一定的调整。

◆ **支付方式实行"板块式"**：将住院和门诊区分开，扣除自费部分后，起付线以上的住院费按共付制由社会统筹基金和个人按照一定比例分担。

◆ **封顶线以上付费**：超过封顶线以上的医疗费用可由补充医疗保险进行报销。

当下，很多地方发放的社保卡就和银行存款一样，到 ATM 机上直接刷社保卡就能查余额或者取钱。

4. 生育津贴怎么算

社保卡除了具有医疗保险的服务外，还有生育保险和失业保险。其中，享受生育险需要满足一定的条件，要求是一胎或符合规定的二胎，且单位给买了社保，在规定设置了产科和妇科的医院生产或流产以及在分娩前达到累计缴费时长。

生育津贴的数额根据产假时长进行计算，基本产假 98 天，其中产前可休 15 天，另外，以下情况将在 98 天的基础上叠加。

◆ **难产、剖腹产**：+ 15 天。

◆ **生多胞胎**：每多一个宝宝 + 15 天。

如果怀孕未满 4 个月流产，只享受 15 天产假；如果怀孕满 4 个月及以上流产的，可享受 42 天产假。生育津贴的计算公式如下。

生育津贴的数额 =（职工所在用人单位月缴费平均工资 /30）× 产假天数

生育津贴就是产假工资，当生育津贴高于本人产假工资标准的，用人单位不得克扣；而生育津贴低于本人产假工资标准的，差额部分由用人单位补足。

生育津贴不缴个人所得税，需在分娩后 60~120 天之间申请办理，所以准妈妈们需要提前开始准备申请生育津贴所需的资料。资料准备好后需要将生育津贴申请表找男方单位盖章，之后将所有材料交由单位人事进行申报。一般材料会在 1~2 个月内返还，津贴会在申请通过后 3 个月内打到公司账户。那么申请生育津贴具体需要哪些资料呢？

◆ 申请生育津贴人的身份证原件和复印件（正反面）。

◆ 结婚证原件和复印件。

◆ 夫妻双方户口簿（集体户口的，携带户籍所在地公安部门出具的户籍证明或《独生子女证》或《独生子女父母光荣证》原件和复印件）。

◆ 医疗机构出具的《生育医学证明》原件及复印件。

◆ 申请人本人实名制银行结算账户卡（存折）原件和复印件。

每个地方的申请手续可能有细微的不同，有时申请所需的资料会因为申请人的不同而不同，比如妻子申请生育津贴和丈夫申请生育津贴所需要的资料就有可能不同。另外，正常流产或人工流产的，在能提供相应的资料时都可以申请生育报销。

5. 卡中的公积金如何取现

社保卡中的住房公积金取现需要满足一定的条件，具体情况如表 7-2 所示。

表 7-2　申请公积金提现的条件

条件方面	具体情况
建造与居住	购买、建造、翻建或大修具有所有权的自住住房、租房自住、偿还购房贷款本息以及出境定居这些情况都可以申请公积金取现
户口方面	非本市户口的职工与单位终止劳动关系的和户口迁出本市并与所在单位终止劳动关系的情况可以申请公积金取现
离退休方面	离休、退休或达到法定退休年龄的和完全丧失劳动能力并与所在单位终止劳动关系的情况可取现
其他	职工死亡或被宣告死亡，其继承人或受遗赠人申请提取住房公积金账户内的缴存余额以及满足当地的住房公积金管理中心规定的其他住房公积金提取条件

了解了住房公积金可以取现的条件后，理财人还需要了解住房公积金的取现流程。首先需要单位或职工个人提供申请住房公积金取现的资料，接着当地银行经办网点受理并录入扫描资料，当地的公积金管理中心审批银行提交的资料，在不超过 3 个工作日的时间内给出审批结果（通过或不通过），申请人在收到通知后即可将公积金取现。提取公积金的申请人若对审核意见有异议的，可向提取公积金所在行政区的中心办事处或管理部申请复核，5 日内即可收到答复。

6．商场超市消费，购买理财产品

如今的社保卡不仅有储蓄功能，还能像银行卡一样在商场或超市进行刷卡消费，持卡人只需在使用社保卡之前将其激活，然后就可以使用其金融功能。持卡人带本人社保卡和身份证原件到相应的银行办理激活即可，因为有金融功能，所以银行工作人员会要求持卡人为社保卡设置密码，在刷卡消费时会用到该密码。

社保卡与很多理财产品挂钩，这些理财产品可以将社保卡中活期存款账户中暂时不用的资金自动转为理财账户存款，转存为定期存款的金额最低一般为 1000 元；当用户急需资金而活期存款账户余额不足时，系统再自动将理财账户中的存款转回活期存款账户。

还有一些理财产品，当活期存款账户余额超过 5 万元时，系统会将 5 万元或以 5 万元为倍数的资金自动转为通知存款，7 天后自动转回活期账户，并在此期间按七天通知存款利率计付利息。

·08·
. PART.

用实物
黄金理财

认识
黄金 T+D

学会投资
纸黄金

财富时代的炼金术

　　2014 年"中国大妈"与黄金的故事人尽皆知，那一次金价的波动让很多黄金投资者损失惨重，同时也吸引了更多的投资者关注黄金这一投资理财工具。那么要怎样降低黄金投资风险，以此来为家庭理好财呢？本章将主要介绍黄金投资的相关产品和投资技巧。

8.1 实物黄金，投资更安心

> 实物黄金包括金条、金币和金饰，不同的实物黄金有其投资的意义和技巧。总的来说，投资实物黄金比投资纸黄金或黄金期货等安全性更高，因此更适合家庭用于理财。

1. 辨别金条的真伪技巧

在实物黄金的投资产品中，人们选择较多的是金条，因为其具有保值的功能，而把观赏作为主要目的的投资者就会选择黄金饰品。以家庭为单位想要做黄金投资理财的人，需要先学会辨别黄金饰品或金条真伪的方法，这样才能避免买到假黄金，导致巨大的经济损失。

对黄金的辨别可以从直观感受和工具结合的方法入手，具体辨别技巧如下。

◆ **掂重量**：黄金的比重为 19.32，重于银、铜、铅、锌和铝等金属，比如同体积的黄金比白银重 40％ 以上，比铜重 1.2 倍，比铝重 6.1 倍。另外，黄金饰品托在手中应有沉坠感。

◆ **看色泽**：黄金以赤黄色为佳，深赤黄色的成色在 95％ 以上，浅赤黄色成色在 90%~95%，淡黄色成色在 80~85%，青黄色成色在 65%~70%，色青带白光的成色只有 50%~60%，而微黄并呈现白色的成色就不足 50%。所以有句话叫"七青八黄九五赤，黄白带灰对半金"。

◆ **听声音**：成色在 99% 以上的真金往硬地上抛掷会发出"叭哒"声，

有声无韵也无弹力。假的或成色低的黄金声音脆而无沉闷感，一般发出"当当"声，且声有余音，落地后跳动剧烈。

◆ **验硬度**：纯金柔软、硬度低，用指甲能划出浅痕，牙咬能留下牙印，成色高的黄金饰品比成色低的柔软。折弯法也能试验硬度，纯金柔软易折弯，纯度越低越不易折弯。

◆ **划痕效果**：用黄金在试金石上划一条线，就可看出黄金的大致成色。纯金呈发亮的深黄色，含银金呈色浅微带淡绿色，含铜金呈红色色调，含银铜的金呈黄色，含锌、铜和镍的黄金呈白金色。

◆ **化学法试酸性**：黄金不溶于单独的硝酸、硫酸和盐酸中，购买者可以将这些酸中的任意一种滴在黄金上，没有发生任何变化的说明黄金为纯金或者纯度很高，若发生了变化，则证明黄金不纯或物体根本不是黄金。

◆ **火烧检测**：用火将需要鉴别的黄金烧红（不要使黄金熔化变形），冷却后观察颜色变化，若表面仍呈现出原来的黄金色泽，则证明是纯金；若颜色变暗或不同程度变黑，则不是纯金。一般成色越低，黑色越深，全部变黑说明是假黄金。

通过证明黄金的真假，我们可以进一步验证金条的真伪，其方法与验证黄金的方法相同。由于金条的种类很多，含金量也有所不同，验证金条之前需要先找到相同纯度的黄金进行对比。

任何一款由黄金交易所或银行等金融机构推出的金条，都有特殊且唯一的编号，通过这个编号可以查询金条的真伪，同时还能查看购买的金条有没有第三方认证。

另外，无论金条的销售方推出怎样的优惠活动或政策，金条的价格不会偏离现货黄金价格太远。理财人如果遇到价格非常低的金条，就需要提高警惕，因为很可能是不纯的金条。

2．投资的金条是自己保管吗

金条是一种期限很长的投资理财产品，所以人们在购买金条后会涉及保管和储存问题。投资人购买金条以后，可以自行保管，也可以交由银行这样的金融机构代为保管。

自己保管金条，虽然有很多灵活之处，但危险性却比他方托管高。那么个人要如何有效地自行保管金条呢？如表8-1所示。

表8-1　个人如何自行保管金条

措施	具体做法
集中保存	实物黄金毕竟是贵重物品，单个金条体积小，尽量不要放置得过于分散，否则很容易被遗忘在角落，所以保管时最好能集中放在一个地方
保险箱	如果家里购买的黄金数量较大，涉及的金额较多，那么最好通过保险箱来保管金条，但是也不宜太依赖于保险箱，因为还存在密码被人破译的危险性
防化学反应	黄金虽然不容易发生化学反应，但储存时还是应该注意，否则也可能造成一定程度的损坏。购买者最好将金条放在氮气塑料袋中保存，并尽量防止金条与其他金属物直接接触
购买保险	认为保险箱不足以保证金条安全时，投资者可适当地为这些金条购买财产保险，不仅是金条，任何实物黄金都可以采取购买财产保险的方法来达到防损的目的
不漏财	人们都说"财不外露"，购买的金条，尤其是收藏类的金条，不要因为样式精美华贵，就将其放在显眼的位置，这会增加金条被盗或不小心被损坏的风险。所以金条的存放要低调，不要将其放在家中显眼的位置
保管地方	金条或者其他实物黄金应放在阴暗干燥的地方，远离厨房和卫生间等有污染的地方
不刻意防潮	存放金条的地方不用刻意防潮，因为防潮剂一般有挥发性，与金条或其他黄金产品接触后容易发生化学反应
减少磕碰	黄金虽然比较稳定，不易氧化，但黄金较软，磕碰中质量容易受到损失，所以一定要减少磕碰

虽然投资者自身能够保管黄金，但很多时候黄金交易是有限制的，有些银行对自行保管黄金的购买者不开放黄金回购业务，导致黄金购买者只能到金店或典当行"变现"。虽然这种方法也是可行的，但典当行进行回购的价格较低。所以投资者最好还是选择由银行代管自己购买的金条。

将金条存储在银行保管箱中，银行一般会对金条进行专业的保护，而且避免了自行保管金条不能回购的尴尬局面。投资者在选择银行代管后，黄金价格将被锁定，如果将来黄金价格上涨，投资者不用向银行补差价，直接提货即可。

不过，采用银行代管黄金的方式也有其劣势，投资者需要付出的保管成本较高，银行保管箱会按照大小分类，价格一般在 200~1200 元。当遇到火灾、暴雨或者地震等灾害时，保险柜里的黄金也会受到损失。所以在让银行代管时也要注意黄金的安全问题。

3. 金条买卖如何计算每克价格

金条的价格处于不断变化的过程中，并且各商家的黄金买卖价格也有所不同。但不管怎么变化，价格都会比照上海黄金交易所的实时价格，再相应上调或下调来进行买卖。

有些黄金旗舰店规定消费者在购买可回购的投资金条时，要在上海黄金交易所当前牌价的基础上每克多支付 8 元的手续费，卖出时需要在当日牌价的基础上每克减去 3 元才能变现。由此可以看出，由于黄金买卖差价的存在，只有金价上涨约 11 元时，投资者才有可能收回成本。

手上持有黄金的投资人可以到银率网（http://www.yinhang.com/）上查询当天的上海黄金交易所行情，如图 8-1 所示。

图 8-1　2017 年 7 月 12 日金价

有些黄金投资网站或黄金投资公司提供黄金延期交货业务（没有提取实物），回购时每克将退还投资者一定的金额。黄金投资的业内人士建议，一般投资者投资现货黄金产品时应选择标准化的金币或金条，单位投资成本较低，购买方便，投资者只需参看黄金产品的即时报价，了解是否提供回购流通渠道即可。

有些回购金条的金店会以相应的黄金产品基准价格扣除 1.5 元 / 克的耗损，同时还要求持有黄金的投资者另外支付 0.5 元 / 克的手续费的方式来制定回购价格，即 2 元 / 克的中间费用。回购时投资者需要准备好带有包装的金条、销售发票和产品质量证书。

所以，金条的价格其实是没有特定的公式来计算的，根据市场的供需关系，金价会围绕上海黄金交易所的当日牌价上下波动。

4．"金生宝"助您做好黄金理财

金生宝是新浪旗下金策黄金、微钱包、兴业银行、国金通用基金和保险公司共同打造的黄金理财产品，含黄金买卖、持有生息和实物提取等服务，是以上海黄金交易所实时金价为参照的全新实物黄金电子商务平台，为用户提供实物黄金销售和送货上门等服务。

金生宝在上海黄金交易所的一百多家会员中排名靠前，是比较靠谱的黄金理财产品。其具有五大特点，黄金生黄金、1 元起购、快捷买卖提金、全球最低价以及黄金安全有保障。

■ 金生宝所生的黄金怎么计算

投资者在金生宝中购入黄金，会在交易日的 T+1 日开始产生收益，T+2 日收益到账，收益会以金豆的形式发放，1 克黄金 = 10000 金豆，收益每日结算。下面来看一个具体的例子。

以购买金生宝黄金 100 克为例，如果投资者不提取黄金，平均每日生金豆 109~136 个，一年后生金豆 39785~49640 个，合计生金 4~5 克。需要注意的是，金生宝的黄金收益以金豆为单位，一个金豆相当于 0.0001 克黄金。

■ 金生宝中的黄金安全保障

金生宝中的黄金由金策黄金（上海黄金交易所综合类会员 0143 号）100% 承兑，交易过程中的资金由"新浪支付"负责在金策黄金与国金通用基金间进行实时清算，用封闭式资金流确保资金流动的安全性和透明性。

在金生宝中提取金条，一般 10 克起提，且均为"9999"级别的黄金，由长城金银精炼厂负责炼制，安全可靠。下面来看看如何在微财富中查看金生宝详情的步骤。

Step01 进入微财富首页（https://www.weicaifu.com/），浏览页面找到"微财富金生宝"产品，单击其右侧的"立即查看"按钮。

Step02 在打开的页面中可以查看金生宝的详情，比如当天的金价走势。在该页面中还有"生金计算器"，投资者可以直接计算金生宝的收益。

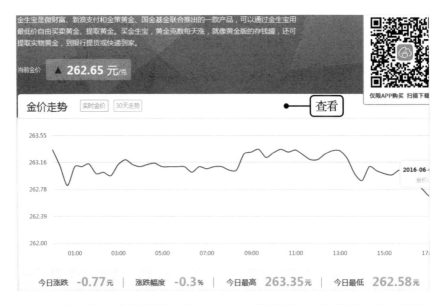

金生宝的很多产品都只支持 APP 客户端购买，电脑端不支持。因此，要想在金生宝中购买黄金，需要在手机上下载金生宝 APP。

5. 投资金银币要注意区分种类

越来越多的人看到了黄金投资的保值功能，纷纷开始进行黄金投资，但真正能做好黄金投资的人没有多少。其中，金银币具有发行量小、材质贵重及有一定投资价值的特点，成为人们对资产进行保值增值的较好选择。

为了做好金银币的投资理财，投资者们首先要学会辨别金银币的种类，同时，还要了解金银币投资的要点，具体内容如下。

◆ **金银币和金银章**：同样题材、同样规格的币和章，因为每天金价的不同，所以其市场价格也不同。一般来说，金银币的市场价格要比金银章高，两者最主要最明显的区别就是金银币有面额而金银章没有面额。有面额的法定货币只能由中国人民银行发行，所以金银币的权威性更高，而金银章不能算是国家的法定货币。

◆ **金银纪念币和金银投资币**：纪念币是有明确纪念主题、限量发行、设计制造较精湛且升值空间较大的贵金属币。投资币是世界黄金非货币化后，黄金在货币领域存在的一种重要形式，是专门用于黄金投资的法定货币，主要特点是发行机构在现货黄金交易平台的金价基础上实施较低溢价发行，易于投资和收售，每年图案可不更换，发行量不限，质量为普制。

◆ **金银纪念币证书**：金银纪念币基本上都附有中国人民银行行长签名的证书，买卖时若缺少证书会比较麻烦。

◆ **注意金银币的品相**：从投资的角度分析，由于金银纪念币是实物投资，所以其品相非常重要，如果因为保存不当而使得品相变差，就会导致在出售时被杀价。

◆ **看大势，顺大势**：金银纪念币行情与其他投资市场行情一样，有涨跌起伏变化，且较长时间的行情运行趋势分成牛市或熊市，行情运行大的趋势实际上已经综合反映出了各种对市场有利或不利的因素，行情运行趋势一旦形成，一般不会轻易改变，所以能够看清行情运行大趋势并顺大势操作，投资成功的概率就高，而承受的市场风险也会小得多。

6. 学会分析实物黄金的价格走势图

实物黄金的投资活动中，一定会遇到的问题就是了解黄金的价格。投资者清楚价格的走势，就可以做出很好的判断，进而做出理想的投资计划或策略。

投资者可以通过网上的一些黄金投资网站查看实物黄金的价格走势，如金投网（http://www.cngold.org/）、和讯黄金（http://gold.Hexun.com/）以及各银行的网上银行。投资者可以通过金投网查看黄金的金价走势，但若是要分析金价走势，投资者还是要通过具体的行情软件达到分析金价的目的。下面以通达信行情软件为例，看看如何分析金价走势。

Step01 启动通达信行情软件，进入 A 股页面，直接手动输入"周生生"关键字，在打开的"通达信键盘精灵"对话框中双击"周生生"选项。

Step02 在打开的页面中即可看到周生生黄金近期价格走势图，如图所示的是 2015 年 12 月至 2016 年 6 月初的金价走势图。在 2016 年 5 月 20 日时金价开始上涨，几乎每天的收盘价都比前一天的收盘价高。

Step03 在该页面的任何位置右击，在弹出的列表中选择"主图指标/选择主图指标"命令，在打开的对话框中选择"MA均线"选项，单击"确定"按钮。

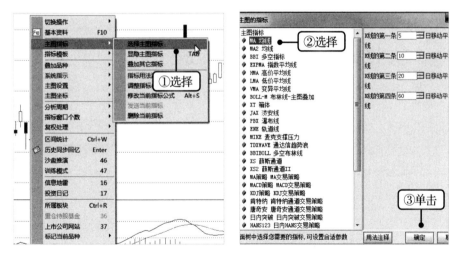

Step04 返回到走势图页面，投资者可以看到页面中多了4条线，这4条线可以预示最近金价的走势情况。均线若处于金价走势图的下方，则金价很可能继续上涨，若是处于金价走势的上方，则金价很可能会下跌。而下图中，4条均线都在金价走势的下方，说明多方支撑力强大，后市的金价很可能继续上涨。

在通达信软件中还有很多指标可以帮助投资者分析当前金价走势，并且预测后市金价涨跌，如 MA2 均线、BOLL-M 布林线主图叠加及 BBI 多空指标等。

8.2 你必须知道的黄金 T+D

平常百姓投资实物黄金的比较多，然而实物黄金的收益并不能满足专业投资人的需求。很多对黄金投资有经验的人还会投资黄金 T+D，那么什么是黄金 T+D 呢？下面就来看看。

1. 虚虚实实的黄金 T+D

黄金 T+D 是指由上海黄金交易所统一制定的、规定在将来某一特定的时间和地点交割一定数量标的物的标准化合约。这种买卖要在交易所内依法公平竞争，实行保证金制度。

保证金制度的显著特征是以较少的钱做较大的买卖，俗称"以小博大",而保证金一般为合约值的 6%~9%。黄金 T+D 以保证金方式进行买卖,交易者可以当日交割,也可无限期地延期交割,但是一般不能在当前价格立即建仓,有一个等待过程。由于建仓的这一滞后性,投资者自投资黄金 T+D 时很容易错过最佳投资时机。

传统的开户流程就是去银行开户,由于人们生活节奏变快,传统的开户已不再受到人们的欢迎,更多人选择在网上直接开户。下面以在工行网上银行上办理黄金 T+D 开户手续为例,讲解具体步骤。

Step01 首先登录工行的个人网上银行,在页面上方单击"网上贵金属"超链接。

Step02 在页面右侧单击"这里"超链接,进行风险承受能力的评估。

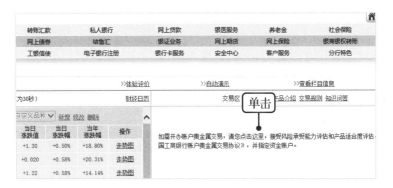

Step03 在打开的页面中完成所有风险测试题目,包括风险承受能力评估和产品适合度评估,最后单击"提交"按钮。

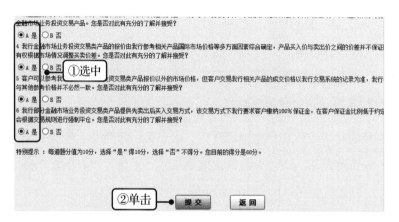

Step04 在打开的页面中认真阅读《中国工商银行账户贵金属协议》、贵金属产品介绍及交易规则，选中"本人已充分了解"复选框，系统默认用户的资金账户卡和手机号码，投资者只需单击"已阅读并接受"按钮，之后输入相关密码即可完成开户流程。

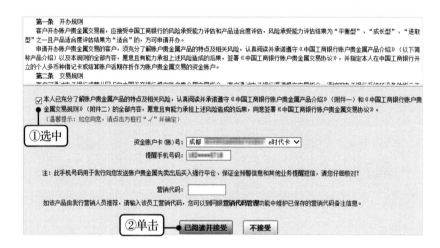

2. 如何分析黄金 T+D 的行情好坏

投资者可以到金投网上查看黄金 T+D 的行情走势，只需进入金投网首页，单击"黄金 T+D"超链接即可查看黄金 T+D 的价格走势，如图 8-2 所示是 2016 年 6 月 7 日上海黄金交易所的黄金 T+D 价格分时图。

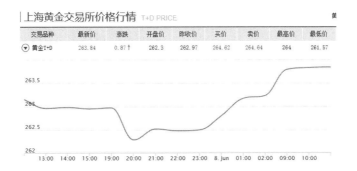

图 8-2　2016 年 6 月 7 日黄金 T+D 价格分时图

那么如何分析黄金 T+D 行情的好坏呢？黄金 T+D 可买涨，也可买跌，不管涨跌都有赚钱的可能。黄金的价格受欧美经济指标和国际动荡事件影响较大（如欧美失业率、利率、通胀率、动乱或战争等），所以投资者平时要关注国际消息面，再结合技术面综合分析价格走势，可以帮投资者做出更准确的判断。下面介绍一些常用行情分析方法。

◆ **捕捉"浪"**：从理论上讲，在基本分析过后，投资者可以运用各种指标和技术分析来捕捉每一个金市的上升浪和下跌浪，低买高卖，赚取差价利润。

◆ **成交量与行情**：金价处于上涨过程中，根据某天的分时图可得知买卖量的情况，若买进的人较多，那么后市金价很可能继续上涨；但若很多人卖出，则后市金价很可能下跌。如果金价处于下跌过程中，但卖出的人很少，则后市金价可能会回升；若买进的人比较少，则后市金价想要上涨就不太可能。

◆ **支撑力与价格变动**：成交量与行情的关系比较复杂，仅从成交量来判断黄金 T+D 的行情并不十分准确。此时可以根据 K 线图的走势来分析，MA 均线若对阴阳线起支撑作用，那么后市金价很可能上涨或不再下跌，但若起施压作用，则后市金价会下跌或停止上涨。也就是说，均线起支撑作用时行情看好，起施压作用时行情不乐观。

◆ **筑底阶段**：黄金 T+D 在价格底部越长，代表上涨区间越宽，上涨的幅度更大，对于开放型投资者来说是一个好行情（时机），实行高价做空低价做多的策略，但对保守型投资者来说，这一阶段并不是好的行情。

◆ **长期上涨**：若黄金 T+D 金价长期上涨，那么后市金价行情并不能因此看好，价格很可能在投资者极大做空的时候出现暴跌。因此，遇到这种情况，投资者需要时刻注意成交量。

3. 黄金 T+D 操作实战技巧

投资者在进行黄金 T+D 投资时，掌握具体的实战技巧，可以提高投资成功的可能性。

■ 学会建立账户头寸、止损斩仓和获利平仓

许多"建立头寸"就是开盘，也叫敞口，即买卖黄金 T+D，开盘后买进称为多头，卖出称为空头。选择适当的时机建立头寸是盈利的前提。若入市时机较好，获利机会就大；相反，若入市时机不当，就容易发生亏损。

"止损斩仓"是在建立头寸后，为防止亏损过高而采取的出仓止损措施。有时交易者不认赔而坚持等待，很可能会遭受巨大亏损。

"获利"的时机往往很难掌握，在建立头寸后，当金价已经朝着对自己有利的方向发展时，平仓就可获利。掌握获利的时机十分重要，平盘太早，获利不多；平盘太晚，可能延误时机，因金价走势发生逆转导致不盈反亏。

■ 尽量买涨不买跌

价格上升过程中只有一点是可能买错的，即价格上升到顶点时买进，

这时买进就面临价格下跌，而其他任意一点买入都处于上涨中。但下跌时买入，只有一点是可能买对的，即已经落到最低点。除此之外，其他点买入都将面临价格下跌。由此可知，在价格上升时买入的盈利机会比在价格下跌时买入的盈利机会大很多。

■ 减小加码幅度

第一次买入黄金 T+D 后价格上涨，确定投资正确，若想增加投资，应遵循"每次加码的数量比上次少"的原则。因为价格越高，接近上涨顶峰的可能性越大，危险也越大。逐次减小加码幅度可降低风险。另外，上升时买入会引起多头的平均成本增加，从而降低收益率。

■ 借助"谣言"改变买卖时机，赢取利润

交易者在听到好消息时立即买入，一旦消息得到证实，便立即获利出仓，这样相当于在价格上涨后卖出。当坏消息传出时立即卖出，一旦消息得到证实，就立即买回，这样相当于在价格高时先卖出，然后再以低价买进，变相实现低买高卖。这一过程中投资者交易要迅速。

■ 盘局突破时建立头寸

盘局是买家和卖家势均力敌，暂时处于平衡的表现。无论是上升还是下跌过程中的盘局，一旦盘局结束，市价就会破关而向上或向下，突破式前进。这是入市建立头寸的大好时机，如果盘局属于长期牛皮，突破盘局时所建立的头寸获大利的机会更大。

■ 不盲目操作

行情局势不明朗时，投资者不宜进场交易。交易过程中，不要抱着自己的预期盈利点不放，盲目追求收益。看准形势就要果断操作，很多良机都是在等待中错失的。

4．交易账户如何计算盈亏

黄金 T+D 交易过程中，其盈亏的计算比较复杂。除了要清楚卖出价和买入价外，还需要确定操作手数，考虑保证金、手续费和延期补偿费等。下面通过具体的例子来学习黄金 T+D 的盈亏计算。

一、投资者看涨。

假设买入价为 250 元 / 克，卖出价设定为 265 元 / 克，并且在合约规定的时间卖出，总共的操作手数为 10 手，保证金按照 9% 计算，一手手续费按 1.5‰ 计算。那么这种情况没有延期补偿费，要交的保证金为：265×10×1000×9% = 238500 元，一手手续费为：（250 + 265）×1000×1.5‰ = 772.5 元，则盈亏为：[（265 － 250）×1000 － 772.5]×10 = 142275 元，即盈利 142275 元。

二、投资者看跌

假设卖出价为 249.5 元 / 克，当初的买入价是 250 元 / 克，投资者在合约规定的时间卖出，总共操作手数为 10 手，保证金同样按照 9% 计算，一手手续费按 1.5‰ 计算。此种情况也不涉及延期补偿费，那么投资者要交的保证金为：249.5×10×1000×9% = 224550 元，一手手续费为：（249.5 + 250）×1000×1.5‰ = 749.25 元，则盈亏为：[（249.5 － 250）×1000 － 749.25]×10 ＝－12492.5 元，即亏损 12492.5 元。

有上述例子可以看出，看涨和看跌并不会影响投资者的盈亏事实，真正影响盈亏的是买入价格、卖出价格和操作手数。

5．风险规避——不留周五"隔夜仓"

黄金 T+D 的交易存在一定的风险，除了熟悉交易规则、做好资金管理、端正心态和认清延期交易的特点可以在一定程度上规避风险外，投资者还要了解一些实际操作上的风险规避方法，比如不留周五"隔夜仓"。

投资者手中持有黄金 T+D，在周五 15:30 之前没有平仓，将手中的黄金 T+D 继续持有，等到下周开市后才能再进行操作，这样的仓位一般就被称为周五"隔夜仓"。以前上海黄金交易所还提供周五夜市交易，现在不提供了，投资者很容易持有周五"隔夜仓"。

这类持仓风险较高，因为如果周五晚间市场波动较大，会对盈亏产生较大影响。因此，为了规避这种风险，投资者最好能在周五 15:30 之前将手中的黄金 T+D 平仓。

如果在预测金价走势时是看涨，并且已经来不及在周五 15:30 之前平仓，那么可以继续持有；如果投资者对后市金价看跌，则应该果断平仓，不要抱着"周末或节假日金价会大幅上涨"的侥幸心理保留周五"隔夜仓"。

8.3 摸不着的纸黄金

> 纸黄金是一种个人凭证式黄金，投资者按银行报价在账面上买卖虚拟黄金，不发生实物黄金的提取和交割。个人通过把握国际金价走势低买高卖，赚取黄金价格的差价。

1. 部分银行的主要纸黄金产品

投资纸黄金的操作比较简便，严格来说购买纸黄金并不属于投资，购买者只是通过纸黄金的价格波动来赚取差价收益。投资者的纸黄金交易记录只在个人预先开立的"黄金存折账户"上体现。

由于纸黄金对投资者的技术操作要求较低，所以比较适合家庭常规理财。一般投资者主要向银行购买纸黄金产品，那么国内部分银行的主要纸黄金产品是什么呢？如表 8-2 所示。

表 8-2　部分银行主要纸黄金产品

银行	纸黄金产品
中国银行	黄金宝，其交易标的为成色 100% 的账户金，分为国内市场黄金和国际市场外汇黄金两种。报价货币是人民币和美元，因此也称为"国内金"和国际金。客户只能在同一个活期一本通账户内进行黄金买卖交易，其中，账面黄金不计利息，若卖出黄金获得人民币或美元，则自交易日当日按活期利率计息。黄金宝业务不收取任何手续费
工商银行	金行家，分为人民币交易和美元交易，人民币交易是以人民币标价，交易单位为"克"；美元交易以美元标价，交易单位为"盎司"。其价格与国际市场金价时时联动，透明度高，资金结算速度快，划转实时到账，周一至周五 24 小时不间断交易，交易方式多样，有即时交易、获利委托、止损委托和双向委托，最长委托时间可达 120 小时
建设银行	龙鼎金账户金，龙鼎金分为账户金和实物金，只有账户金才是纸黄金。交易时间为周一至周五 10:00 至 15:30（节假日除外），10 克黄金起购，并以 1 克为最小递增单位，按成色划分为 AU99.95 和 AU99.99 等种类，交易方式只有实时和委托两种，建行会定期推出优惠政策，对手续费进行减免

2. 纸黄金忌频繁买卖

购买纸黄金无须手续费，但需要注意的是，银行要收取单边佣金，即点差，通俗来讲就是买入价及卖出价之间的差价。不同银行的纸黄金产品对点差的规定有所不同，如工行金行家单边点差为 0.4 元 / 克或 3 美元 / 盎司，而中行黄金宝单边点差为 0.5 元 / 克或 3 美元 / 盎司。

单边收取佣金就是投资者在买入纸黄金时需要付给银行一定的佣金，在卖出纸黄金时还要付给银行一定的佣金。所以，投资者如果为了赚取差价而频繁买卖纸黄金，很可能造成差价收益低于佣金费用的情况，这样得不偿失的做法没有理财的意义。下面来看一个具体的例子。

例如，某客户当日买入 100 克纸黄金，价格是 236 元 / 克，但系统显示买入价涨到 236.5 元 / 克以上才能盈利，说明银行收取 0.5 元 / 克的点差。有时候即使金价上涨，在扣除点差之后，投资者也不一定是盈利的，频繁买进卖出就要付出更多的点差费用，所以投资者要注意权衡。如果该客户直到金价为 238 元时才卖出，那么其每克的收益为 $238 - 236 - 0.5 - 0.5 = 1$ 元。但如果投资者在 237 元时卖出，又在 237.5 元时买进，再在 238 元时卖出，则其每克的盈利为（$237 - 236 - 0.5 - 0.5$）+（$238 - 237.5 - 0.5 - 0.5$）$= -0.5$ 元，最终每克还要亏损 0.5 元。

3. 学会分析纸黄金的价格走势

用户除了可以通过专门的软件查看和分析纸黄金的价格走势外，还可以进入第一黄金网进行查看并分析。下面来看看具体的操作步骤。

Step01 进入第一黄金网（http://www.dyhjw.com/），在页面上方，将鼠标光标移动到"黄金价格"选项卡处，选择"纸黄金"选项。

Step02 在打开的页面中单击"日 K"选项卡，即可查看近期每日的纸黄金价格走势。

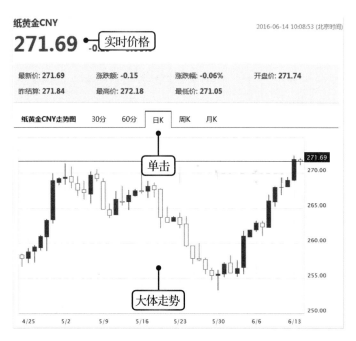

由图中价格走势可看出，纸黄金在 2016 年 5 月 30 日后处于上涨走势，并且波动的幅度较大。但是在"纸黄金 CNY 走势图"选项卡中看到的实时价格处于下降当中。所以投资者不要因为当天的价格在下降就认为纸黄金的投资收益不好，然后决定不再继续持有。实际上观看纸黄金的大致走势才能看出纸黄金的发展势头。

从另一方面来讲，实时价格的波动情况与大致趋势并不一致，这就给投资者一个明显的警示。纸黄金的价格处于不确定的变动当中，投资者除了要关注实时价格外，还要掌握大体的价格走势，这样可以帮助自己准确把握纸黄金市场的动向，降低投资失败的可能性。

09
.PART.

遗嘱的基
础知识

房产继承
和赠与

存款的
继承

遗产与继承，提前为子女规划

俗话说，生老病死乃命中注定。生命的尽头都将是死亡，
财物也没法带走。怎样才能将拥有的财富留给需要的人是将
死之人要考虑的问题，因此，"遗产"和"继承"等概念应
运而生。本章就要详细了解遗产和继承问题，为留给子女的
遗产做好规划。

🌐 9.1 普通人也要了解的遗嘱

> 很多人认为，只有有钱人才会用到遗嘱，潜意识里觉得"遗嘱"是一种"奢侈品"。但其实每个人都可能接触到遗嘱。为了避免死后自己的子女在财产上出现纠纷，有些普通老百姓也会订立遗嘱。

1. 立遗嘱，减少子女纠纷

家家有本难念的经，自古以来，钱经常会使关系好的人反目成仇，关系闹僵的人重归于好，主要还是因为钱与利益紧密相连。将死之人订立遗嘱也是为了防止自己的子女在财产分割上出现纠纷，导致亲戚关系的破裂。

遗嘱是订立遗嘱的人生前在法律允许的范围内，按照法律规定的方式对其遗产或其他事务所做的个人安排，并于遗嘱人死亡时发生效力的法律行为。

李老先生和其老伴儿林老太太一共生了3个孩子，长女李菊华，二女儿李珍华，小儿子李国华。1991年，李、林二夫妇在镇上买了一套房子，建筑面积有70平方米，2003年大女儿李菊华出嫁，同年林老太太去世，她和丈夫李老先生的财产未作处理。

2011年，李珍华出嫁，剩下李老先生和小儿子在一起生活。2014年，小儿子李国华结婚，与妻子搬出去单独生活。而李老先生在2016年3月去世，去世前没有订立遗嘱，但将房屋产权证交给了李国华。然而大女儿和二女儿都认为自己也是法定继承人，也应该得到一部分遗产，为什么房屋产权全部归弟弟李国华所有？于是两人起诉到法院。

设想一下，一家人闹到了法庭，即使后面获得了自己应有的那部分财产，亲人之间的关系也因此闹僵，产生嫌隙，往往得不偿失。所以，如果老人名下有一定的财产需要在故去前做好安排，最好能订立遗嘱，白纸黑字，让自己的安排具有法律效力，这样就能避免子女为争抢财产而产生纠纷。

2. 遗嘱的形式和内容

遗嘱一般是口头和书面两种订立形式，但是只有在紧急情况下才能使用口头遗嘱的方式，通常遗嘱要采用书面形式订立。根据《中华人民共和国继承法》第 17 条的规定，遗嘱的形式有如下 5 种。

◆ **公正遗嘱**：公证遗嘱不能代理，要本人到户籍所在地的公正机关办理，即使是遗嘱人因病或其他原因不能亲自到公证机关的，都需要公证人员前往遗嘱人所在地办理。立遗嘱人本人在遗嘱上签名，还要有两个以上见证人在场见证。这种方法需要交纳一定的公证费。

◆ **自书遗嘱**：由立遗嘱人全文亲笔书写和签名，注明制作遗嘱的时间（年、月、日），这种方法不需要有见证人在场也具有法律效力。自书遗嘱需要涂改和增删时，需要在涂改和增删内容的旁边注明涂改和增删的字数并签名。

◆ **代书遗嘱**：遗嘱人委托他人代写遗嘱，采用该方法需要有两个以上的见证人在场见证，其中一人代书，注明年、月、日，代书人、其他见证人和遗嘱人签名。

◆ **录音遗嘱**：遗嘱人用录音的形式制作自己口述的遗嘱。为防止录音遗嘱被人篡改或录制假遗嘱的弊端，《继承法》第 17 条第 4 项明确规定："以录音形式设立的遗嘱，应当有两个以上的见证人在场见证。"见证的方法可采取书面或录音形式。录音遗嘱制作完毕后，应当场将录音遗嘱封存，并由见证人签名，注明年、月、日。

◆ **口头遗嘱**：遗嘱人在危急情况下可立口头遗嘱，但应当有两个以上见证人在场见证。危急情况解除后，遗嘱人能够用书面或录音形式立遗嘱的，所立的口头遗嘱无效。

了解了遗嘱的形式，那么遗嘱具体包含哪些内容呢？如表9-1所示是遗嘱的大致内容。

表9-1 遗嘱的大致内容

结构	具体内容
本人身份说明	身份证号码、住所和近亲属情况等
关于遗嘱执行人说明	订立遗嘱的人要委托遗嘱执行人，而遗嘱执行人要提供身份证、授权委托书、住所和指定遗嘱执行人与遗嘱人的关系等，若有任何利害关系应注明不影响其执行人效力，指定后备执行人，确认的签名包括各种签名字体的示范
本人遗嘱法律效力的说明	立遗嘱人要在身体状况、精神状况和行为能力等良好的状态下立遗嘱，遗嘱要在立遗嘱人未受胁迫或欺骗下订立，遗嘱内容是立遗嘱人的真实意思，并且遗嘱内容合法。其中还要包括遗嘱或遗嘱草稿的形成时间、地点和过程，内容有无修改和补充，对遗产的处分是否有附加条件，遗嘱或遗嘱草稿上的签名与盖章是否本人所为
本人财产说明	基准日，项目或房产、存款、股票、汽车、现金、投资、债权、相关合同、产权证及凭证等，以前是否曾以遗嘱或遗赠抚养协议等方式处理过财产，有无已设立担保、已被查封或扣押等限制所有权的情况
本人保险说明	受益人基本情况、监护人、遗嘱执行人、相关合同单证等
相关事务执行	本人的债权债务、财产分配、个人用品（如汽车、电脑、书籍、信函和照片）以及给相关人员的信函呈送情况等
其他	以前订立遗嘱的情况，数份遗嘱出现内容抵触时，以最后的遗嘱为准，还有遗嘱订立时间和相关人员的签名

3．遗产的继承

遗产与继承是两个息息相关的概念，有遗产就有继承。而遗产就是指被继承人死亡时遗留的个人所有财产和法律规定可继承的其他财产权益。遗产分积极遗产和消极遗产，积极遗产是指死者生前个人享有的财物和可以继承的其他合法权益，如债权和著作权中的财产权益等。而消极遗产是指死者生前所欠的个人债务。

根据《继承法》的有关规定，遗产必须符合 3 个特征，一是财产必须是公民死亡时遗留的；二是财产必须是公民个人所有的；三是财产必须是合法的。这 3 个特征必须同时具备才能成为遗产，那么什么样的财产可以作为遗产呢？

◆ **公民的合法收入**：工资、奖金、存款利息、从事合法经营的收入、继承或接受赠予所得的财产。

◆ **固定与非固定资产**：公民的房屋、储蓄和生活用品等。

◆ **公民的树木、牲畜和家禽**：其中树木是指公民在宅基地上自种的树木及拥有使用权的自留山上的树木。

◆ **公民的文物和图书资料**：公民的文物一般指公民自己收藏的书画、古玩和艺术品等，如果这些文物中有特别珍贵的，应按《中华人民共和国文物保护法》的有关规定处理。

◆ **法律允许公民个人所有的生产资料**：如农村承包专业户的汽车、拖拉机和加工机具等，城市个体经营者、华侨和港澳台同胞在内地投资所拥有的各类生产资料。

◆ **公民的权利**：公民的著作权和专利权中的财产权利，即基于公民的著作被出版而获得的稿费和奖金，或因发明被利用而取得的专利转让费和专利使用费等。

◆ **公民的其他合法财产**：比如公民的国库券、债券和股票等有价证券，复员或转业军人的复员费和转业费，公民的离退休金和养老金等。

继承是指立遗嘱人指定的遗产受益人按照法律或遵照遗嘱接受死者的财产、职务头衔或地位等。遗产继承的方式大致可分为 4 种，遗嘱继承、遗赠、遗赠抚养协议以及法定继承。

遗赠是被继承人生前订立遗嘱，将遗产赠与国家、集体或法定继承人之外的人；遗赠抚养协议是指被继承人与抚养人订立协议，由抚养人承担被继承人生养死葬的义务，被继承人的全部或部分财产在其死后转归抚养人所有，该方式主要出现在老人无人赡养的情况下；而法定继承是指在上述 3 种情况都不存在时，法律根据亲属关系的远近确定遗产分配顺序。

如果上述 4 种方式同时出现两种该怎么办呢？那就要明确，遗赠抚养协议的效力最高，其次是遗嘱继承和遗赠，效力最低的是法定继承。因此，为了避免家庭成员或亲人之间因为财产发生纠纷的情况，被继承人最好还是选择能订立遗嘱的继承方式。

继承法规定的法定继承人为配偶、子女、父母、兄弟姐妹、祖父母和外祖父母。而《继承法》将继承人分成了两个顺序，第一顺序是配偶、子女和父母，第二顺序是兄弟姐妹、祖父母和外祖父母。继承开始后，先由第一顺序继承人继承，没有第一顺序继承人继承（包括没有第一顺序继承人及虽有第一顺序继承人但全部放弃或丧失继承权等）的，才由第二顺序继承人继承。

同一顺序的继承人在继承遗产时一般份额均等，对于有特殊困难的人、未成年人和缺乏劳动能力又无生活来源的继承人，会受到照顾，适当享受多一些遗产。相反，有抚养能力和抚养条件的人，不尽抚养义务的，在分配遗产时会少分配或不分配。遗产平不平均分配由继承人协商决定。

继承人的继承权可能因为其一些行为而丧失，如故意杀害被继承人、为争夺遗产而杀害其他人、遗弃被继承人、虐待被继承人严重的以及伪造、篡改或销毁遗嘱等情节严重的，都会丧失继承权。

【提示注意】

房产的继承和分割与其他财产不同，房产虽然可以分割，但这种分割是有限的，比如不能把一间房屋分成许多份。在这种情况下，可以由继承人共同继承，作为共有房产。若一定要分割，可采用作价分割的方法，变现后再分配。

4. 遗产的其他处理方式

遗产除了可以继承外，还有赠予、捐赠、遗产委任书和遗产信托等，这些处理方式可以叫作非法定继承。为了避免不必要的纠纷，这些处理方式最好还是由遗嘱人订立明确的遗嘱，白纸黑字将赠与人表述清楚。

■ 赠与

赠与是指立遗嘱人将自己的财产赠给法定继承人以外的人，相当于继承方式中的"遗赠"。赠与行为的实质是财产所有权的转移，这种行为一般要通过法律程序来完成，订立遗嘱或订立赠与合同。若是签订赠与合同，这种合同叫"诺成性合同"，即只要"承诺"就可以"成立"。

遗嘱人在赠与物交付前，可以行使撤销权，即取消赠与的承诺。不论是什么原因导致承诺的取消，遗嘱人都要向受赠人说明情况。另外，通过赠与的方式将遗产赠送给受益人，所交纳的税金要远远少于继承遗产。

■ 捐赠

遗嘱人没有任何法定继承人，或者不想把财产留给法定继承人，也不想将其赠与给其他个人，那么可以选择做善事，将财产捐赠给公益组织、公益机构或国家等。

■ 遗产委任书

这种方法是指遗产所有人指定其他某个人作为其代理人，而代理人可以代替当事人订立遗嘱分配遗产。遗产所有人下达遗产委任书后，代理人就有权代表遗产所有人安排和分配其财产，但是代理人只能在约定的权力范围内行使权力。

遗产委任书分为普通遗产委任书和永久遗产委任书，普通遗产委任书在遗产所有人去世或丧失了行为能力后失效；永久遗产委任书在任何情况下都有效。也就是说，如果代理人在遗产所有人生前没有执行自己的代理人权力，那么在遗产所有人亡故后，其权力丧失，不再有分配遗产的权利，若是有遗产分配的遗留问题，则未分配的遗产很可能进行法定继承或归国家所有。

【提示注意】

无人继承的遗产指没有法定继承人，也没有遗嘱继承人，或者全部继承人都放弃继承权，或继承人被剥夺继承权的遗产。在没有法定继承人的条件下，虽有遗嘱但遗嘱只处理了部分遗产，或遗嘱只部分有效，则未经处理的遗产或遗嘱无效部分的遗产一般也属于无人继承的遗产。中国《继承法》规定无人继承又无人受遗赠的遗产归国家所有；死者生前是集体所有制组织成员的，其遗产归所在集体所有制组织所有。

■ 遗产信托

遗嘱人立下遗嘱，将自己的遗产设立成专项基金，并把专项基金委托给受托人管理，基金收益则由受益人享有。其中，受益人可以是继承人，也可以是慈善机构或其他个人或组织。

采用遗产信托分配遗产，可以更好地保障受益人的生活，约束受益人在使用遗产时的行为，避免受益人不加节制地挥霍遗产。

9.2 房产继承和赠与

> 房产也是家庭理财中一大固定资产，很多老年人，甚至是正值壮年的人，都会想要把自己的房产留给后代，这一想法如果真正实施，就会涉及房产继承和赠与问题。

有的房产所有权人为了避免继承人在日后因争夺房产而产生纠纷，在生前就将房产权交给继承人，如分给某个或各个子女，这也是合法的行为，但这不是继承，因为房产所有权人还没有亡故，此时继承还没有开始，而属于生前的赠与行为。

其次，如果被继承人立下遗嘱，将房产指定给法定继承人以外的人，或捐献给国家和集体，这不是继承而是遗赠。

最后，如果房产不是个人的而是共有的，如常见的夫妻之间的共有，当一方死亡后，并不是所有的房产都成了遗产。这时应当先将房产进行产权分割，将属于未死亡一方配偶的份额分割出来以后，再对死亡一方的房产进行分配。

1. 继承更划算，赠与很随意

父母的财产迟早要留给子女，这是大多数中国人会遵循的传统。而目前来看，父母的房产可以通过继承、赠与和买卖的方式留给子女。但是继承需要父母去世才能办理，而父母健在时，要想把房子过户给子女，则需要采用赠与或买卖的方式。无论是赠与还是买卖，虽然在时间上比较自由，但也不能随意定价，具体情况要参考房管局的估价系统来定价。

无论是继承、赠与还是买卖，都会发生一定的税费。而亲人之间过户房产，最划算的是继承，其次是赠与。继承的成本更低，只需交纳280元的登记费和200元的公证费（不同地方可能有所不同，但差别不大），没有营业税、个税和契税。而采用赠与方式实现亲人之间的房产过户，其登记费也是280元，但公证费是交易金额的3‰，并且还需交纳契税。

【提示注意】

直系亲属中，即便是兄弟姐妹也不能采用继承的方式，只能选择赠与或买卖。所以继承这种方式比较单一，只有属于有继承关系的直系亲属之间的房产才能采用继承方式过户。

继承人在继承遗嘱人的财产时，需要先证明自己有继承房产的法律资格（法定继承人或遗嘱指定继承人），然后证明遗嘱的真实性（遗嘱人逝世前曾做过公证的遗嘱才有法律效力），接着继承人拿着有效遗嘱到相关公证处办理继承权公证书，最好到房管局办理转名手续即可。虽然税费成本较低，但过户程序复杂，消耗时间和精力较多，并且继承人日后出售此房时，将被征收较高的个税。但如果房产证年满5年且是唯一住房，则可免征个税。

赠与方式将房产过户给子女或后代的，要分两种情况。如果赠与人将房产直接过户给自己的子女，则不需要交纳个税；如果将房产过户给自己姐妹的子女（外甥或外甥女，非直系亲属），则除了交纳登记费、契税和公证费外，还需要交纳一定的个税。该方法与继承方法一样，受赠人日后出售此房时，将被征收较高的个税，但房产如果满5年且是唯一住房，可以免征个税。

2．看房产时间决定过户方式

房产的时间会影响税种或税率，不同时间的房产要交纳的税费有所不同，有时连税费也有差异。

◆ **房产未满两年**：最好选择继承方式，没有任何税费需要交纳。而如果卖方家不止这一套房，在采用买卖方式过户房产给子女时还需要交纳营业税。

◆ **房产两年及以上，5年以下**：以赠与方式过户不需要交纳任何税费，但需要在被继承人死亡后才能获得房产产权；而采用赠与方式还需交纳一定的个税，但过户方式相对自由。

◆ **房产5年及以上**：继承方式没有税费；赠予方式也会免征个税；而买卖法中卖方可免征个税，但买方需要交纳契税（按照房屋的面积来确定税率的标准），这种情况下对买方不利，所以成交的概率较小。

由此可看出，父母要想把房产过户给子女，最好选择继承的方式，但这种方式局限性较大。其次就是选择赠与，虽然会交纳一定的个税，但过户程序比较简单，而且比较随意。一般不选择买卖方式将房产过户给子女，这种方式的成本太高，但也有其优势，就是安全省心。

3．房产证没了，又没及时补办该怎么过户

"丢三落四"的行为并不是那么容易改变的，很多东西时间久了，自然而然就会被遗忘或者不见踪影。房产证也是一样，如果房产证丢了，又没来得及补办，刚好又面临遗产继承问题，这时我们要怎么办呢？

这种情况下并没有什么特殊途径可以过户，当事人需要先补办房产证才能进行房产过户。为了节约时间，尽快办理补办手续，方便遗产继承，

我们需要了解其补办流程，如图 9-1 所示。

1 房屋权利人持身份证到市房管局填写房产证遗失声明。

2 接着到房产档案馆查档，并出具房产权属证明（房产档案馆一般要收取查档费用）。

3 然后在所在地日报上刊登房产权属证书遗失声明。

4 6个月后，房管部门在所在地日报上发布房屋所有权证书作废公告（两次登报费用由报社收取）。

5 房屋权利人持刊登遗失声明和作废公告的原版报纸、身份证和身份证复印件等资料到市房产交易管理处办理遗失登记和发证手续，领取证书。

图 9-1 补办房产证的手续

为了减少遗产继承过程中的麻烦，当事人一定要保管好房产证，丢失了房产证是不能办理房产继承过户手续的。

4. 人去世了，可房产还没过户怎么办

有些人对房产过户的事情并不在意，等到人不在了，才想起房产未过户，那么这种情况下继承人要怎么继承房产并完成过户呢？

首先要确定去世的人是否还有配偶健在，然后要确定该房产是否属于夫妻共同财产。如果夫妻一方健在，并且房产属于夫妻共同所有，则房产中一半属于健在配偶所有，继承人继承死亡配偶一方的产权。

如果其他继承人同意过户到一人名下，则可以到公证处直接办理继承公证，此时将房产过户。如果其他继承人不同意，则需要通过法律途径解决房产过户问题。

如果继承人生前立有遗嘱，将房产指定留给继承人，只是没有来得及将房产在生前过户，则继承人凭借遗嘱和相关资料到市房管局办理房产继承过户手续即可；但如果没有指定房产继承人，则所有法定继承人之间可

通过商议决定房产过户给谁，不能达成共识的，则需要走法律途径解决。

【提示注意】

如果去世的人生前把房子卖给了遗嘱继承人或法定继承人以外的人，而且没有办理过户手续的，此时买方可能会通过买卖合同到法院起诉，将去世之人的继承人均列为被告，要求履行合同并办理过户手续。所以，老人如果为子女考虑，就最好在生前将房屋的产权做好过户工作，为子女省去麻烦事，同时避免子女为争夺房产产生纠纷，离间了亲人之间的感情。

9.3 存款的继承

子女继承父母的财产，不仅可以继承不动产（如房产），也可以继承动产（如储蓄存款和日常用品等）。存款的继承并不是件简单的事，继承人需要通过一定的手续才能成功继承父辈留下的存款。

1. 银行存款的继承

老人死亡，但银行存款还放在银行没有过户给子女，如果老人生前立有遗嘱将银行存款转给继承人，则继承人可以带着遗嘱到相应银行办理取款手续。但如果老人立遗嘱时是将存款遗赠给法定继承人以外的人或组织等，子女就没有继承该笔存款的资格。

比较复杂的情况就是老人生前没有立遗嘱，而子女在老人去世后想要继承老人的存款，此时合法继承人需要办理一定的公证手续才能顺利继承父辈的存款。

◆ **填写继承公证申请表**: 合法继承人（主要包括父母、配偶和子女等）携带相关证明材料，亲自到公证机构填写继承公证的申请表，若有继承人放弃继承权的，要提交《放弃继承权声明书》。声明放弃继承权的继承人在外不便亲自到本地公证机构办理的，可以到其现住所地的公证机构办理放弃继承权声明的公证并寄至本地，再由其他继承人带着《放弃继承权声明书》和其他证明材料到当地公证机构办理。

◆ **获得继承权公证书**: 公证机构审核相关资料，经调查核实后向申请人出具继承权公证书。

◆ **办理提款手续**: 继承人带着老人的死亡证明、继承权公证书以及亲属关系证明等，到存款银行查询存款，同时也可直接办理取款手续。

【提示注意】

继承人在申请办理继承权公证书时，需要提供的材料有：继承人的身份证明（户口本和身份证）、被继承人死亡证明（如死亡证、骨灰证或火化凭单等）、合法继承人单位或所属街道办（派出所）出具的家庭亲属关系证明（详列被继承人的父母、配偶和子女情况）及被继承人的遗产凭证（存折）。另外，非本地继承人放弃继承的，要提交《放弃继承权声明书》，被继承人生前立有遗嘱的，继承人要提交遗嘱原件。

　　除了正常的子女继承父母遗产的情况外，现实生活中还存在特殊情况，比如存款人死亡却无合法继承人，并且生前没有立下遗嘱。那么经公证处公证后，按财政部规定，去世之人生前所在单位为全民所有制企事业单位、国家机关或群众团体的，其存款应上缴财政部门相应级别的国库收归国有；生前所在单位是集体所有制企业或事业单位的，其存款应转归单位所有。这些存款的处理都不计付利息。

2. 存单人亡故，继承人要及时联系银行

银行难以准确掌握储户的生死情况，因此对存款的支付，应按《储蓄管理条例》，凭存单（折）付款（凭印鉴或密码支取时，须核符印鉴或密码），定期储蓄提款支取时，银行要索验存款人的身份证件。而这样的业务，事后引起存款继承争执，储蓄机构不负责任。

所以，继承人要在被继承人去世后，及时向银行提交存款人死亡证明，防止有人捡到或盗取存单，然后冒名支取被继承人的存款，导致继承人无法获得被继承人的存款。

在银行不知晓存款人死亡的前提下，并且存款人户口也没有注销，那么存款人的配偶可以持本人和存款人的身份证到银行提取存款。但如果银行知晓存款人死亡，则会拒绝其配偶提取存款的申请。

如果存款人户口注销，或者银行知晓存款人死亡，则所有第一顺序继承人共同到公证处办理一份公证书，证明存款的处理方式，指定存款支取人，然后凭借公证书、死亡证明和指定取款人的身份证到银行办理存款。

一方面，我们都知道老年人在银行的存款，大多数都是以存单的形式保管，存单又薄又小不易保管，很容易弄丢，或者被觊觎财产的不法分子偷去。另一方面，银行在不知道存款人死亡时凭借存单就可以为持存单的人办理取款业务。综合两方面的情况，存款人死亡后，继承人要及时联系银行，向银行出具存款人死亡证明，然后才到相关机构办理继承权证明手续，最后凭借各种证明材料依法继承存款人的存款。

3. 人去世后银行存款无密码怎么取出

这种情况下，继承人提供相应材料也可以完成存款支取。其中，如果支取的存单金额在 5 万元以内，且刚好是到期支取的，银行一般不要求提

供证明材料（仅限银行不知晓存款人死亡的前提下）。

如果存单是凭证支取的，那么继承人需要提供相关证件和资料才能将存款取出来。在此情况下，合法继承人应办理死亡亲属存款继承权公证，存款人死亡后，继承人要支取该存款，必须向银行出具自己享有合法继承权的有效证明。

如果合法继承人有多个人，但对死者的存款分割没有争议，或者只有一个继承人，那么继承人可持存单、有效身份证件和存款人死亡证明等材料，到当地公证处申请办理继承证明书。经公证处调查审核，符合出证条件的，由公证处出具继承证明书。当然，公证费用也是一笔不小的数目。但如果多个合法继承人对存款的继承权有争执，就不能向公证处申办继承证明书，只能向人民法院起诉，由法院对死者存款继承权归属以及各继承人应得的份额作出判决。

继承人可携带存单、有效身份证件、存款人死亡证明和法律文书（继承证明书、法院判决书等证明该笔存款为继承人所有）等到银行网点，由相关工作人员审核后当场支付相应金额。若存款数量在 5 万元人民币以上，支取人需要事先向银行预约；若金额在 5 万元以下，则可直接前往网点支取。此外，如果公证后有若干个继承人的话，还需每人持身份证都到场才能办理。

.PART.

保守的
债券理财

高风险的
股票投资

专家护航
的基金

债券、股票与基金，拓宽收益渠道

在普通老百姓家庭，债券、股票和基金并不是常见的理财工具。一方面债券的收益虽然稳定，但收益率较低，而且懂操作的人比较少；另一方面，股票和基金投资的风险较高。所以在家庭理财中它们并不是最主要的理财手段，但是这几种理财工具却可以帮助家庭拓宽收益渠道，对于有一定风险承受能力的家庭也是可以尝试的。

10.1 最保守的理财——债券

> 债券是一种金融契约，是政府、金融机构或工商企业等
> 直接向社会借债，筹措资金时向投资者发行，同时承诺按一
> 定利率支付利息，并按约定条件偿还本金的债权债务凭证。
> 债券的利息通常是事先确定的，所以是固定利息证券的一种。

1. 债券知多少

债券的本质是债的证明书，所以具有法律效力。债券购买者或投资者是债权人，而债券发行人是债务人。债券可以上市流通，我国比较典型的政府债券是国库券，该债券的安全性非常高，一般深受老年人的喜爱，如图 10-1 所示。

图 10-1　国库券

债券是一种虚拟资本，并非真实资本，只是真实资本在实际运用中的证书。债券作为一种重要的理财工具，其特征有如下 4 点。

◆ **偿还性**：债券一般都有规定偿还期限，债券发行人必须按约定条件向购买债券的人偿还本金，并支付到期后相应的利息。

◆ **安全性**：与股票相比，债券的利率一般是固定的，它与企业绩效没有直接联系，收益比较稳定，风险较小。另外，如果是公司发行的公司债券，在企业破产时，债券持有者优先于股票持有者享有对企业的剩余资产的索取权。

◆ **收益性**：投资者投资债券，可以定期或不定期获得利息收入，并且债券持有者可以利用债券价格的变动进行债券的买卖，从差价中赚取差额收益。

◆ **流通性**：债券可以在流通市场上自由转让。

尽管债券的种类多种多样，但在内容上都包含了一些基本要素，这些要素是指债券上必须载明的内容，也是明确发行人和购买人权利与义务的主要约定，如表 10-1 所示。

表 10-1　债券的基本要素

要素名称	含义
债券面值	指债券的票面价值，是发行人在债券到期后需要偿还给购买者的本金数额，在计付利息时参考的价格就是面值。面值与债券的实际发行价格可能不一致，发行价格高于面值称为溢价发行，低于面值称为折价发行，等于面值称为平价发行。需要特别注意的是，投资者购买债券时支付的价格是按照发行价（市场价格）支付
偿还期	指企业债券上载明的偿还债券本金的期限，也就是债券发行日至到期日之间的时间间隔
付息期	指企业发行债券后的利息支付时间，可以到期一次性支付，也可以3个月、半年或一年支付一次。在考虑货币时间价值和通货膨胀因素的情况下，付息期对债券投资者的实际收益有很大影响。到期一次付息的债券，其利息通常是按单利计算的；而年内分期付息的债券，其利息是按复利计算的
票面利率	指债券利息和面值的比率，是发行人承诺以后一定时期支付给债券持有人报酬的计算标准。票面利率的确定主要受银行利率、发行者资信状况、偿还期限、计息方法和资金市场供求情况等因素影响
发行人名称	指债券的债务主体，为债券持有人到期追回本金和利息提供依据

表中列出的要素是债券票面的基本要素，但在发行时并不一定全部在票面印制出来，例如，在很多情况下，债券发行者是以公告或条例形式向社会公布债券的期限和利率。

债券的交易方式大致有 3 种，债券现货交易、债券回购交易和债券期货交易，如图 10-2 所示。

现货交易	又叫现金现货交易，是债券买卖双方对债券的买卖价格均表示满意，成交后立即办理交割，或在短时间内办理交割的方式。
债券回购	指债券出券方和购券方在达成一笔交易时，规定出券方必须在未来某一约定时间以双方约定的价格从购券方手里购回原先售出的那笔债券，并以商定的利率支付利息。
期货交易	指债券交易双方成交后，交割和清算工作按照期货合约中规定的价格在未来某一特定时间进行。

图 10-2　债券的交易方式

投资者在进行债券投资理财时，除了了解债券的 3 种交易方式外，还需要掌握债券交易的基本流程。首先，投资者委托证券商买卖债券，签订开户契约，填写开户有关内容，明确经纪商与委托人之间的权利和义务；然后证券商通过其在证券交易所内的代表人或代理人，按照委托条件实施债券买卖业务；接着，代理人应于成交当日填制买卖报告书，通知委托人（投资人）按时将交割的款项或债券交付给经纪商；最后，经纪商核对交易记录，为投资者办理结算交割手续。

2. 家庭可以投资的债券类型

按照不同的划分方式，可以将债券分为很多种类。按发行主体可划分为政府债券、金融债券和公司（企业）债券；按财产担保可划分为抵押债券和信用债券；按形态可划分为实物债券（无记名债券）、凭证式债券和记账式债券；按是否能转换可划分为可转换债券和不可转换债券；按付息方式可划分为零息债券、定息债券和浮息债券。

另外，按能否提前偿还可分为可赎回债券和不可赎回债券；按偿还方式可分为一次到期债券和分期到期债券；按计息方式可分为单利债券、复利债券和累进利率债券；按是否记名可分为记名债券和不记名债券；按是否盈余分配可分为参加公司债券和不参加公司债券；按募集方式划分为公募债券和私募债券；按能否上市划分为上市债券和非上市债券。

【提示注意】

目前市场上还有一些债券衍生品种，如发行人选择权债券、投资人选择权债券、本息拆离债券和可调换债券等。

琳琅满目的债券类型让家庭投资者不知如何选择，选对了债券类型，才可能对家庭生活起到帮助作用。那么什么样的债券适合家庭理财呢？

■ **针对理财安全性适合的债券**

由于家庭理财讲究的是平稳收益，注重资金的安全性。所以风险较高的债券就不太适合家庭理财，如政府债券、凭证式债券、定息债券、可赎回债券、记名债券、公募债券和上市债券等，安全性相对较高，家庭投资者可以选择这一类型的债券做理财。但是其中的上市债券条件严格，投资者可能会承担一定的上市费用，家庭投资者要谨慎选择。

■ **针对收益性适合的债券**

家庭理财最主要的目的就是获取理财收益，如果没有收益，投资人就没有必要进行债券投资。所以，适合家庭投资者理财的债券有金融债券、企业债券、不可转换债券、定息债券、浮息债券、分期到期债权、复利债券、累进利率债券、参加公司债券、上市债券、投资人选择权债券及可调换债券等。

其中，企业债券、浮息债券和上市债券的风险相对较高；不可转换债券的流通性风险较高，家庭投资者也要谨慎选择。

■ 针对灵活性适合的债券

家庭投资理财算是收入的补充，理财不能破坏家庭生活的正常消费或应急需求，因此必须要考虑的问题就是产品的灵活性。在这样的前提条件下，适合家庭理财的债券有抵押债券、记账式债券、可转换债券、零息债券、可赎回债券、分期到期债券、公募债券、上市债券、投资人选择权债券以及可调换债券。其中，上市债券风险较高，零息债券没有收益，投资者要根据自身的实际情况做出适当的选择。

当然，在这3种考虑方向中，有些债券是同时具备这些特质的，当同时具备其中两个或3个特质时，这样的债券就是家庭理财计划中最适合的债券。

3．债券计算器计算收益

科技在发展，在人们的众多投资行为中都会涉及投资理财收益的计算，很多时候人们算不准自己理财到底赚了多少钱，或者自己购买的理财产品的收益率到底是多少。这时我们可以借助一些网络工具来计算。下面以东方财富网中的计算器计算债券收益为例，讲解具体步骤。

Step01　进入东方财富网首页（http://www.eastmoney.com/），找到页面上方的导航栏，在其中找到"理财"板块，然后单击"理财"板块中的"债券"超链接。在打开的页面中找到"债券计算器"板块，单击"债券收益率计算器"超链接。

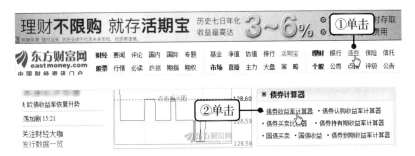

Step02 在打开的页面中选择计算种类，这里为"债券出售收益率"，输入发行价格、卖出价格、持有时间和票面年利率等数值，单击"计算"按钮即可得出债券出售收益率。

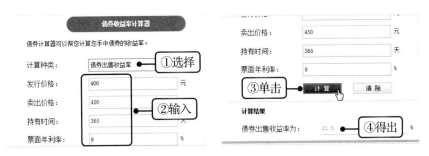

很多金融类网站都有自己的理财产品计算器，用户除了可以在银率网中使用债券收益计算器外，还能在和讯网（http://www.hexun.com/）、东方财富网（http://www.eastmoney.com/）及新浪财经（http://finance.sina.com.cn/）等网站上计算债券收益率。

东方财富网提供的债券收益计算器，可以计算债券购买收益率、债券出售收益率和债券持有期间收益率。投资者在购买债券时如果想要得知买入债券的最高价格应为多少时投资回报才能不低于存款储蓄，则可以利用工商银行提供的债券买卖计算器来计算。

债券收益率与购买债券投入的本金的乘积就是债券的收益，债券的收益包括了债券持有期的利息和债券买卖获得的差价收益，而债券持有期的利息是指债券票面利率与债券面值的乘积。

因此，如果用户手动计算债券的收益，涉及的公式会比较多，在计算过程中容易出错，所以借助网络金融工具是明智的选择。

4. 债券投资，新手牢记 5 要点

随着经济市场的不断变化，投资方式也在不断更新，债券市场也不例外。近年来，公司债大面积扩容、折算率大面积降低和违约债券逐步增加等情况都成了市场中的常态。投资者们要从近年来债市的情况中掌握一些债券投资的要点，尤其是债券投资新手，这样可以降低投资失败的风险。

■ 掌握债券投资市场主基调

基调即风格，债券投资市场的主基调就是指债券投资人对债券投资持有的态度。例如，2016 年的债券市场，主基调为防范风险，等待投资机会。从侧面可以看出，2016 年的债市并不稳定，投资者需要注意风险的防范，找准时机再进行投资。

■ 供给和需求会不平衡

中国的金融机构几乎都是国企，而债券的发行人一般也是国企或政府，其风格就是规避风险，所以风控搞得很严。为了发展国内的经济，政府和国企都在大量抛售债券，以期向公众借取到足够的资金。但由于债券的收益率并不高，所以购买债券的人并不多，导致供给大于需求。此时持有债券的投资者想要出售手中的债券比较困难，很容易使资金被困。

■ 债券发行人违约风险增大

一方面，随着企业经营状况不佳，在失去经营现金流和融资现金流的情况下，企业的债务违约风险越来越高。另一方面，交易所公司债券的发行门槛越来越低，债券发行人的信用无法得到高度的保证，因此增加了债务的违约风险。

■ 交易所存在垃圾债市场

交易所债券市场的公司债准入门槛降低，造成大幅扩容，所以交易所垃圾债债市在逐步扩大。很多垃圾债进入交易所只是单纯地为了盈利，并不会考虑到投资者的真正利益，并且自身的信用度不高，很容易在投资过程中违约，给投资者造成经济损失。

■ 债券投资建议

投资者在投资过程中需要掌握一定的债券投资技巧和注意事项，一方面规避投资风险，另一方面可帮助投资者顺利获取收益。首先要分析债券的信用，信用差的债券，即使收益率高，投资者也会面临严重的发行人债务风险；其次，不要过于追求中长期的"高杠杆"获取高收益，因为企业经营形式无法预测，中长期这一过程中，如果企业存在亏损、降级和被机构列入出货目标的风险，此时债券容易暴跌；再者，不要低估散户的实力，当散户资金沉淀后，投资者砸盘会越来越困难；最后，尽量购买有担保或抵押的短债，遇到可能亏损的债券要及时出售。

10.2 风险回报并存——股票

> 众所周知，股市有风险，投资需谨慎。股票投资虽然收益比债券高，但相应地，其风险也远远高于债券投资风险。因此家庭理财可以适当涉及股票，但建议不要花太多精力。

1. 常见的炒股软件

砍柴要用斧头，挑水要用扁担，夹菜要用筷子，炒股肯定得有相应的炒股软件。股民们常用的炒股软件一般都比较实用，那么在股票投资中，哪些炒股软件比较常见呢？

◆ **同花顺**：是浙江核新同花顺（300033）网络信息股份有限公司旗下的炒股软件，为投资者提供行情显示、分析和交易信息，分为免费 PC 产品、付费 PC 产品、电脑平板产品及手机产品等多个版本。如图 10-3 所示。

图 10-3　同花顺登录界面

◆ **华泰证券**：华泰证券即华泰证券股份有限公司，前身为江苏省证券公司，是中国证监会首批批准的综合类券商，也是全国最早获得创新试点资格的券商之一。它有其自身的炒股软件，如图 10-4 所示。

图 10-4　华泰证券登录界面

◆ **钱龙**：是中国证券软件领域的著名商标，其所有者为上海乾隆高科技有限公司和上海乾隆网络科技有限公司，他们在国内最早从事证券实时分析软件开发和销售，其登录界面如图10-5所示。

图 10-5　钱龙登录界面

◆ **通达信**：它是多功能的证券信息平台，与其他炒股软件相比，拥有操作界面简单和行情信息更新快等优点。通达信有一个特色功能，就是允许投资者自由划分界面，并规定每一个位置对应的内容，它还有一个"在线人气"功能，投资者使用该功能可以快速了解哪些内容是当前关注、哪些内容应该持续关注或者哪些内容属于冷门，可以少花心思研究。如图10-6所示是其登录界面。

图 10-6　通达信登录界面

国内常见的炒股行情软件除了上述 4 种外，还有大智慧、指南针和东方财富通等。

2. 认识股票 K 线和 K 线组合

K 线图又称蜡烛图，诞生于日本，因此又叫日本线，还有人称之为阴阳线、棒线或红黑线等，常用说法是"K 线"。它是以每个分析周期的开盘价、最高价、最低价和收盘价绘制而成，如图 10-7 所示。

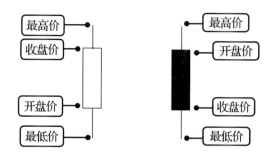

图 10-7　K 线基本组成部分（左为阳线、右为阴线）

单个的 K 线可以组成不同的组合，这些 K 线组合连在一起可以反映一定时期内股票的价格走势，如图 10-8 所示是一些简单的 K 线组合。

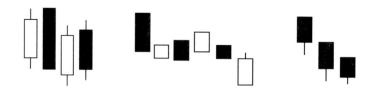

图 10-8　简单的 K 线组合

无数个简单的 K 线组合在一起就会形成一段时间内的股票走势，也就是比较复杂的 K 线组合。投资者可以根据这些复杂的 K 线组合掌握股票的走势，进而预测后市股价的涨跌，为后市股票的持有或出售做准备。

如图 10-9 所示。

图 10-9　复杂的 K 线组合

3. 如何看懂价格的涨跌

在众多的 K 线组合中，有些 K 线组合比较特殊，比如看涨 K 线组合"早晨十字星""两阳夹一阴""东方红太阳""阳包阴""两阳夹两阴""两阳夹三阴""红三兵""末路红三兵""上涨跳空缺口"以及"三阳夹两阴"等。特殊的看跌 K 线组合有"向下跳空""三只乌鸦""阴抱阳""阳孕阴"及"乌云线"等。

投资者首先可以从股价的整体走势（复杂 K 线组合）来观察价格的涨跌，如图 10-10 所示。

图 10-10　上涨走势（左）和下跌走势（右）

接着为了找到买入和卖出信号，投资者需要掌握上述的一些特殊 K 线组合，下面就来看看部分看涨和看跌 K 线组合的所代表的信息。

■ 早晨十字星

该 K 线组合一般出现在下跌过程中，但后市看涨，如图 10-11 所示。

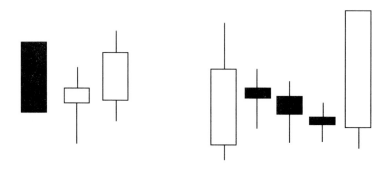

图 10-11　早晨之星（左）和两阳夹三阴（右）

早晨之星也叫启明星，投资者最初看到阴线时存在看跌心理，中间类似十字星的 K 线又会使投资者抱有一丝希望，紧接着出现阳线，让投资者逐渐看涨，所以该组合形态转向和止跌横盘的有效性较高。

■ 两阳夹三阴

该组合一般出现在上涨途中，表示上涨的开始。这一组合还被叫作、"上升三法"，其中的 3 条小阴线在实际股市行情中也可以是阳线。连续数日的小阴线都无法将股价推到第一根阳线的开盘价之下，而后的一个大阳线出现，给投资者明显的涨势信号。如图 10-11 所示（右）。

■ 向下跳空

此形态通常出现在阶段性底部中期、拉升阶段初期或拉升波段中期。向下跳空说明空方实力强劲，后市上涨的可能性微乎其微，很大可能出现跌势，如图 10-12 所示（左）。

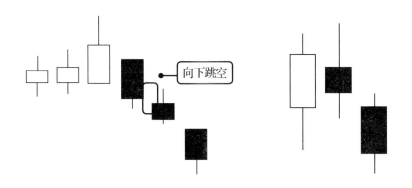

图 10-12　向下跳空（左）和阳孕阴（右）

■ 阳孕阴

阳孕阴通常预示股价短暂的辉煌即将结束，前一日的大阳线预示股价在当日交易中受到市场欢迎，而后一日的小阴线整个实体部分都在大阳线的实体内部，说明后一日的开盘价低于前一日的收盘价，股民们开始出售手中的股票，长长的上影线预示较大的压力，所以多方没有能力将价格上拉。如果第 3 日又出现阴线，则股民要警惕，这很可能是暴跌的前兆，如图 10-12 所示（右）。

实际上，投资者了解一只股票的涨跌可以直接在炒股软件主界面中查看，数据的显示非常显眼，一般数据颜色为红色表示上涨，数据颜色为绿色表示下跌。界面中还会显示涨跌幅度，这种方法一般适用于只查看股票价格而不做股票交易的情况。

4. 在个股详情页查看走势

掌握好这些特殊的 K 线组合，投资者可以在分析个股走势时运用这些分析技术来分析并预测个股的价格走势。下面以在通达信行情软件中查看个股走势为例，讲解具体的操作。

Step01 没有下载通达信的用户需要先下载该软件，安装完成后启动软件，如果不进行买卖股票的操作，则可以从"独立行情"通道进入软件主界面，但如果要进行买卖交易，投资者需要先注册账户，然后登录账户即可在软件的主界面中进行买卖交易。这里以进入"独立行情"通道为例。在登录界面单击"免费精选行情登录"按钮，然后单击右侧的"登录"按钮。

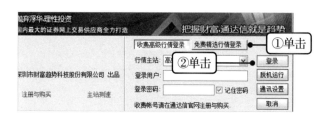

Step02 进入通达信主界面后，投资者可以查看各种股票，选择一只自己感兴趣的股票，双击该股票信息即可进入该只股票的详情页。

	代码	名称	涨幅	现价	涨跌	买价	卖价	总量	
1	000001	平安银行		8.57	0.00	8.57	8.58	386670	
2	000002	万科A	×	—	—	—	—	0	
3	000004	国农科技		—	—	—	—	—	
4	000005	世纪星源	-2.25	7.82	-0.18	7.82	7.83	699683	11
5	000006	深振业A	-0.97	7.12	-0.07	7.12	7.13	110063	
6	000007	全新好		—	—	—	—	0	
7	000008	神州高铁	-1.40	11.96	-0.17	11.95	11.96	98806	1

Step03 在详情页即可查看相应股票的走势情况，如下图中的是平安银行的股票价格走势，该股价格在 2015 年年底开始下降，一直到 2016 年 2 月价格才开始回升，后期也没有超过 2015 年 12 月份的高价，只是比较平稳地在水平线上波动。

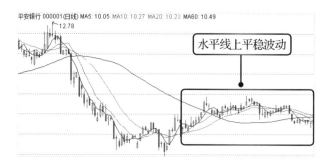

投资者还可以查看个股的分时走势图，分时走势图反映的是一天之内

股票价格的变化情况，可以选择想要了解的日期，而通常不选择日期时，系统将默认显示当天的该股价格变化情况。

5．走势节点是股票买卖信号

所谓的走势节点就是股票价格走势过程中的转折点，比如最高点或者最低点，如图 10-13 所示。

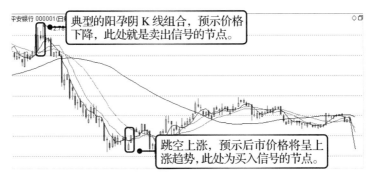

图 10-13　股票走势中的节点

由图可知，最高点或者最低点的走势节点需要一定的时间段，只有在合适的时间段内，走势节点才有可能是这段时间中股票价格的最低点或者最高点。上图中，如果将整个走势的时间作为分析对象，则在此过程中的很多走势节点并非是该段时间的最高点或者最低点。

股票走势过程中的节点处，一般都会出现前面我们了解过的特殊 K 线组合，投资者可以通过这些 K 线组合的特征来判断后期价格走势，提前做好决策，是典型的卖出信号时就不要犹豫，果断卖出；如果是典型的买入信号，投资者也不要犹豫，果断买入。

什么买入卖出信号比较典型呢？一般典型的上涨或下跌 K 线组合提供给投资者的都是典型的买卖信号，而从典型的涨跌 K 线组合衍生的或者变形得来的类似 K 线组合，给投资者的信号就需要仔细斟酌，做出买卖交易决定前要谨慎小心，经过多种分析比较后再做出买卖决策。

10.3 高风险基金也有专家护航

在众多投资理财工具中，基金和股票一样，也是一种收益较高，但同时风险也较高的理财产品。不过，投资者做基金投资一般会有专门的基金经理人从旁协助，帮助投资者做好基金投资，所以其风险并不是特别高。

1. 基金种类与各种理财产品挂钩

家庭理财很少接触基金，如果要进行基金投资，首先要了解基金的种类，了解当中的特征和优劣势，这样才可以选择合适家庭理财的基金产品，为幸福生活添彩。

不同的特征可以划分出很多类似或对立的基金产品，比如开放式基金和封闭式基金、QDII 基金、对冲基金、ETF 基金、认股权证基金、契约型基金、平衡型基金和公司型基金等。这些基金很多都是老百姓从未接触过或少有接触的，建议家庭经济状况很好的投资者才选择这些类型的基金做投资理财。不过，其中的开放式基金、封闭式基金、平衡型基金和公司型基金可以适当投资。

除此之外，市场中的基金逐步与其他金融投资工具相结合，比如保险基金、股票基金、债券基金和信托基金等。这些基金因为与股票、债券或保险等挂钩，因此其性质和特征与相应的金融工具比较类似。

■ 债券基金

债券基金是以债券为主要投资标的物的共同基金，除了债券外，还可投资金融债券、定存和短期票券等，绝大多数以开放式基金型态发行，同时采取不分配收益的方式合法节税。我国大部分债券基金的属性偏向于收益型债券基金，以获取稳定的利息为主，所以收益普遍呈现稳定增长。

债券基金相对于股票基金而言，其风险更低，但收益也较低；债券基金的投资费用较低，收益较稳定，虽然比股票基金缺乏增值潜力，却很注重当期收益。所以对于中等偏下收入水平的家庭而言，选择债券基金比选择股票基金更合适。那么与债券相比，债券基金又有怎样的优势呢？

◆ **风险较低**：债券基金通过集中投资者的资金，对不同的债券进行组合投资，能有效降低单个投资者直接投资于某种债券可能面临的风险。

◆ **专家经营**：随着债券种类日益多样化，一般投资者要进行债券投资不但要仔细研究发债实体，还要判断利率走势等宏观经济指标，往往力不从心且容易判断出错，而投资于债券基金则可以通过借助专家的经营成果来提高自身投资的成功率。

◆ **流动性强**：投资者如果投资于非流通债券，只有到期才能兑现，而通过债券基金间接投资债券，其流动性较高，随时可将持有的债券基金转让或赎回。

■ 股票基金

股票基金以股票为投资对象，其主要功能是将大众投资者的小额投资集中为大额资金，然后投资于不同的股票组合，是股票市场中主要的机构投资者。由于投资的是股票组合，因此投资风险小于单个投资者投资某一只股票的风险。股票基金按不同方式可以划分为优先股基金、普通股基金、专门化基金资本增殖型基金、成长型基金和收入型基金等。

对于工薪家庭而言，这些基金中比较合适的投资类型是优先股基金、成长型基金和收入型基金，这些基金的风险偏小，收益较稳定。与其他基金相比，股票基金的流动性较强，收益较高，种类较多，并且还具有融资的功能。所以比较适合家庭经济实力较高、风险承受能力较高且追求高收益的家庭。

■ 保险基金

保险基金是指为了补偿意外灾害事故造成的经济损失，或人身伤亡、丧失工作能力等引起的经济需要而建立的专用基金，具有专用性、契约性、互助性、科学性和金融性。

保险基金可用来购买债券、投资股票、投资不动产、贷款和存款等，还可用来投资各类基金、同业拆借和黄金外汇等。投资者购买的保险基金包括保险公司的注册资本和公积金、非寿险责任准备金（保费准备金和赔款准备金）和总准备金（寿险责任准备金和保险保障基金）。国内目前的保险基金一般有 4 种形式。

◆ **集中的国家财政后备基金**：该基金是国家预算中设置的一种货币资金，专门用于应付意外支出和国民经济计划中的特殊需要，如特大自然灾害的救济、外敌入侵和国民经济计划的失误等。

◆ **专业保险组织的保险基金**：由保险公司和其他保险组织通过收取保险费的办法来筹集保险基金，用于补偿保险单位和个人遭受灾害事故的损失或到期给付保险金。

◆ **社会保障基金**：社会保障基金一般用于社会保险、社会福利和社会救济等的支出。

◆ **自保基金**：由经济单位自己筹集保险基金，自行补偿灾害事故损失。我国有"安全生产保证基金"，通过该基金的设置实行行业自保，如中国石油化工总公司设置的"安全生产保证基金"。

注重养老问题的家庭，可以考虑投资保险基金，其具备的保障性可以保障投资者资金的高度安全，另一方面也可从中获取一定的收益。

■ 信托基金

对于普通老百姓而言，这种基金并不常见，也被称为投资基金，是一种"利益共享、风险共担"的集合投资方式。通过契约或公司的形式，借助发行基金券（如收益凭证、基金单位和基金股份等）的方式，将社会上不确定的，多数投资者不等额的资金集中起来，形成一定规模的信托资产，交由专门的投资机构按资产组合原理进行分散投资，获得的收益由投资者按出资比例分享，并承担相应风险。

信托基金的优势是专家管理操作，资产经营与保管相分离，安全性高；组合投资分散风险，风险较小；流动性强；纯粹的投资目的。该类基金比较适合家庭经济条件好且追求投资收益的家庭。

2. 投资基金流程与收益计算

投资基金的大致流程比较简单，只需要进行开户、认购和赎回等操作，如图 10-14 所示。

1 投资人携带个人身份证到基金公司或银行开户，也可以直接在网上银行或基金公司网站自行开户。

2 投资人完成风险测试，挑选一款适合自己的基金产品，下单买入。

3 投资人持有购买的基金，时刻关注基金的收益情况和基本面变化。

4 每日都可获得收益，投资人在合适的时间进行赎回即可。

图 10-14 基金投资的一般流程

但是，不同的基金，投资时需要做的事情有所不同，投资者在购买基金前，向基金公司或银行工作人员咨询具体的情况。

很多投资者投资金融理财产品，都希望能在真实地拿到收益之前就知道自己的投资能赚多少钱。基金的收益主要通过基金净值来计算，主要有两种方法。

方法一：内扣法。

份额＝投资金额×（1－认/申购费率）÷认/申购当日净值＋利息；

收益＝赎回当日单位净值×份额×（1－赎回费率）＋红利－投资金额

方法二：外扣法。

份额＝投资金额×（1＋认\申购费率）÷认\申购当日净值＋利息；

收益＝赎回当日单位净值×份额×（1－赎回费率）＋红利－投资金额

现在大部分基金公司采用的都是外扣法，因为同样的金额，外扣法购买的份额更多，对投资基金的人比较有利。这种方法可以计算每日盈利，投资者如果觉得麻烦，可以借助网络工具计算基金投资收益，比如财道网（http://www.caidao123.com/）的基金账本。

【提示注意】

财道网被称为中国家庭理财第一平台，也是中国企业最受欢迎的五大 B2B 电子商务平台之一。在财道网中有各种实用理财工具，如基金理财、家庭理财和理财交流等类型。基金理财工具主要提供基金数据与基金记账方面的服务，如"基金账本""基金净值数据""基金比较筛选""基金评级"和"基金组合分析"等；家庭理财工具主要提供在线记账，为用户计算每日资产分析，并分享自己的账本；理财交流工具有论坛和闲聊等社区。

知道了基金收益的一般计算方法后，投资者具体要怎么操作来计算出自己的基金投资收益呢？首先需要计算份额和认／申购费。投资者只需关注认／申购费率、赎回费率与基金净值即可，其他如管理费和托管费等，都不会直接向投资者收取，投资者做到心里有数即可。

一般而言，股票基金认购费率约 1%~1.5%，债券基金认购费率通常在1% 以下，货币基金认购费率通常为 0；而股票基金和债券基金的申购费率一般在 1%~2%，货币基金通常为 0。

然后观察基金是否有分拆或者分红。基金分拆就是保持投资者资产总值不变，重新计算基金资产，一般分拆后，基金份额会增加，单位净值减小，但收益的计算方法不变。而分红是指"现金分红"和"红利再投资"，现金分红是将红利以现金形式直接发放给投资者，而红利再投资是用红利直接买入基金折算成基金份额，获取基金投资收益，类似于"利息生利息"。

接着计算基金的买卖价差收入，即买卖价差收入＝赎回当日单位净值 × 份额 ×（1－赎回费率）－投资金额。在这其中会涉及到赎回费率。

股票基金和债券基金的赎回费率一般在 1% 以下，货币基金的赎回费率一般为 0。一般来说，投资者持有基金的时间越长，赎回费率越低。

最后计算总收益。将红利和买卖价差收入相加，即可得到收益结果。但投资者真正拿到手中的收益可能没有这么多，因为会被扣除一些间接费用，投资者虽然不用计算，但还是需要了解这些最基础费用的费率。

间接的管理费费率一般不超过 1.5%，托管费不超过 0.25%。另外，货币基金还需交纳销售服务费，通常不高于 0.25%。

但是在实际操作过程中，自己计算容易出错，所以建议投资者借助网络工具直接计算，比如好买基金网（http://www.howbuy.com/）的基金账本。需要注意的是，投资者要先在好买基金网注册账号，然后才能使用基金账本计算收益。

3. 基金申购与赎回

基金申购是指投资者到基金管理公司或选定的基金代销机构开设基金账户，按照规定的程序申请购买基金份额的行为。具体的申购步骤如图10-15 所示。

1 准备一张银行卡，最好开通了网银，有些银行卡可以通过电子支付卡支付（如农行卡）。

2 找到自己信任的基金公司，在其网站上根据系统提示开立账户，在确认支付手段时，网银用户选择"客户证书"支付，其他有条件的选择电子支付卡支付。

3 然后在基金公司网站填写完资料，系统会提示投资者交易账号的开通日期。由于很多基金公司提供身份证登录方式，所以该账号用处不大。

4 投资者登录账号进行申购，要填写申购金额，系统默认之前设置的支付方式，然后提交付款。

5 支付完成后，投资者要保留交易流水号，一旦出现意外，流水号将是与基金公司交涉的证据，因为只有付款成功的交易才是有效交易。

图 10-15　基金申购流程

基金赎回又称卖出，主要针对开放式基金，是指投资者以自己的名义直接或透过代理机构向基金管理公司要求卖出部分或全部基金的投资，基金管理公司将卖掉基金获得的款项汇至该投资者的账户内的行为。

若投资者是到基金公司或银行等机构申购的，则需要到相应的基金销售机构办理基金销售业务的营业场所办理赎回。而投资者如果是在网上申购的基金，则可以进入相应的网站进行基金赎回操作。需要注意的是，当某笔赎回导致基金份额持有人持有的基金份额余额不足 1000 份时，余下部分的基金份额必须一同全部赎回。

一般的开放式基金的赎回需要经过 T+2 日系统确认后才能赎回成功。申请赎回当日（T 日）一般显示未报。即使是在下午 14:50 左右下单，只要委托查询里面能查到记录，一般在第二日（T+1 日）就可显示已报；在第三日（T+2 日）即可显示已成。

基金全部赎回按正常赎回程序执行即可，而部分赎回则比较复杂。基金管理人将以不低于单位总份额 10% 的份额按比例分配投资者的申请赎回数；投资者未能赎回部分，在提交赎回申请时应做出延期赎回或取消赎回的明示。注册登记中心默认的方式为投资者取消赎回。选择延期赎回的，将自动转入下一个开放日继续赎回，直到全部赎回为止。

【提示注意】

有些基民想要获取更大的利益，于是将手中获利不理想的基金进行转换，换成其他收益更高的基金。一般来说，股票基金转货币基金，按赎回费率计算，货币基金转股票基金按申购费率计算，有的基金公司会有一定的优惠。

4. 怎样才能让基金投资"赚钱"

基金理财一般是长期成长收益，频繁的短线操作不适合开放式基金投资，反而会白白损失手续费。那么怎样做才能获取基金投资收益呢？有如下的一些小技巧可以帮助基民降低风险，提高获取收益的可能性。

◆ **尽量用手中的钱做投资**：基金投资的获利时间比较长，一般是中长期投资。而在中长期投资中难免会有行情下跌的时候，如果是借钱投资，可能面临利息负担，甚至是被短期套牢。

◆ **分散投资降低风险**：这一技巧可能需要投资者拥有较多的资金，根据不同基金的投资特点，将资金分散投资到多个基金当中。这样的话，如果某只基金的表现欠佳，则可以通过其他的基金收益来弥补该只基金的亏损。这样盈亏抵消可以降低投资失败的风险。

◆ **一开始就要做好长期投资的打算**：很多基民在开始时只是浑浑噩噩地买了一只或一些基金，想要从中获利。到了后期，某只基金或某几只基金的行情很好，就想做长线投资，可这时却发现手中的资金不足，错失投资机会。而如果借钱投资，可能又会面临利息负担等问题。这样的处境对投资者非常不利，所以为了避免身处这样的处境，投资者一开始就应该做好长期投资准备。

◆ **数量差别**：数量差别是指购买的数量不同价格便不同，通俗来讲便是买的越多价格越低。

◆ **深入了解所投基金的特性**：在做出投资决策之前，投资者需要先了解个人的投资需要和投资目标。在选择基金时，仔细阅读基金的契约、招募说明书及公开说明书等文件，并从报纸、销售网点公告或基金管理公司等正规途径了解基金的相关信息，以便真实、全面地评估基金和基金管理公司的收益、风险及过往业绩表现等情况，避免选择不适合自己的基金品种。如果想了解更多基金理财信息，建议在手机上下载相关理财 APP，随时随地查看。

◆ **切忌频繁操作**：开放式基金的交易价格直接取决于资产净值，基本上不受市场炒作的影响。因此，太过短线的抢时机进出或追涨杀跌，不仅不易赚钱，反而会增加手续费，从而增加投资成本。

◆ **根据投资偏好选择基金类型**：保守型投资者可以选择债券基金、保险基金以及成长型基金；而风险偏好型投资者则可以选择股票基金、房地产基金和其他风险较高且收益较高基金。

读 者 意 见 反 馈 表

亲爱的读者:

感谢您对中国铁道出版社的支持,您的建议是我们不断改进工作的信息来源,您的需求是我们不断开拓创新的基础。为了更好地服务读者,出版更多的精品图书,希望您能在百忙之中抽出时间填写这份意见反馈表发给我们。随书纸制表格请在填好后剪下寄到:北京市西城区右安门西街8号中国铁道出版社综合编辑部 张亚慧 收(邮编:100054)。或者采用传真(010-63549458)方式发送。此外,读者也可以直接通过电子邮件把意见反馈给我们,E-mail地址是:lampard@vip.163.com。我们将选出意见中肯的热心读者,赠送本社的其他图书作为奖励。同时,我们将充分考虑您的意见和建议,并尽可能地给您满意的答复。谢谢!

- -

所购书名:_____

个人资料:

姓名:_____ 性别:_____ 年龄:_____ 文化程度:_____

职业:_____ 电话:_____ E-mail:_____

通信地址:_____ 邮编:_____

- -

您是如何得知本书的:

□书店宣传 □网络宣传 □展会促销 □出版社图书目录 □老师指定 □杂志、报纸等的介绍 □别人推荐
□其他(请指明)

您从何处得到本书的:

□书店 □邮购 □商场、超市等卖场 □图书销售的网站 □培训学校 □其他

影响您购买本书的因素(可多选):

□内容实用 □价格合理 □装帧设计精美 □带多媒体教学光盘 □优惠促销 □书评广告 □出版社知名度
□作者名气 □工作、生活和学习的需要 □其他

您对本书封面设计的满意程度:

□很满意 □比较满意 □一般 □不满意 □改进建议

您对本书的总体满意程度:

从文字的角度 □很满意 □比较满意 □一般 □不满意
从技术的角度 □很满意 □比较满意 □一般 □不满意

您希望书中图的比例是多少:

□少量的图片辅以大量的文字 □图文比例相当 □大量的图片辅以少量的文字

您希望本书的定价是多少:

本书最令您满意的是:

1.
2.

您在使用本书时遇到哪些困难:

1.
2.

您希望本书在哪些方面进行改进:

1.
2.

您需要购买哪些方面的图书?对我社现有图书有什么好的建议?

您更喜欢阅读哪些类型和层次的理财类书籍(可多选)?

□入门类 □精通类 □综合类 □问答类 □图解类 □查询手册类 □实例教程类

您在学习计算机的过程中有什么困难?

您的其他要求: